Dr. J. REFONAA

Aprendizagem automática e inteligência artificial Inteligência artificial na conceção de eletrónica

Dr. J. REFONAA

Aprendizagem automática e inteligência artificial Inteligência artificial na conceção de eletrónica

ScienciaScripts

Imprint
Any brand names and product names mentioned in this book are subject to trademark, brand or patent protection and are trademarks or registered trademarks of their respective holders. The use of brand names, product names, common names, trade names, product descriptions etc. even without a particular marking in this work is in no way to be construed to mean that such names may be regarded as unrestricted in respect of trademark and brand protection legislation and could thus be used by anyone.

Cover image: www.ingimage.com

This book is a translation from the original published under ISBN 978-620-8-17073-8.

Publisher:
Sciencia Scripts
is a trademark of
Dodo Books Indian Ocean Ltd. and OmniScriptum S.R.L publishing group

120 High Road, East Finchley, London, N2 9ED, United Kingdom
Str. Armeneasca 28/1, office 1, Chisinau MD-2012, Republic of Moldova, Europe
Printed at: see last page
ISBN: 978-620-8-29477-9

Com profunda gratidão, este livro é dedicado a Deus Todo-Poderoso, cuja orientação divina, juntamente com o apoio inabalável da minha família e amigos, deu vida a esta criação.

Prefácio

No mundo cada vez mais complexo e interligado do design eletrónico, a integração da Aprendizagem Automática (AM) e da Inteligência Artificial (IA) está a inaugurar uma nova era de inovação e eficiência. Esta monografia começa com uma "Introdução" perspicaz que prepara o terreno, traçando a evolução do design eletrónico e o papel crescente da IA e da AM neste domínio. Exploramos o contexto histórico e os avanços tecnológicos que abriram caminho para o cenário atual, fornecendo aos leitores uma base sólida antes de mergulharem nos tópicos principais.

O conteúdo está meticulosamente estruturado para abranger áreas essenciais, como a conceção automatizada de circuitos, técnicas de otimização, manutenção preditiva e o papel da IA no aumento da precisão e velocidade da conceção. Cada capítulo fornece uma análise aprofundada das ferramentas, algoritmos e estudos de caso relevantes, ilustrando as aplicações práticas da IA e do ML em cenários de conceção de eletrónica do mundo real.

O nosso objetivo é colmatar a lacuna entre a teoria e a prática, oferecendo um recurso que seja acessível e valioso para um público diversificado, incluindo investigadores, profissionais e estudantes. Quer seja novo no campo ou um profissional experiente, esta monografia visa melhorar a sua compreensão e inspirar uma maior exploração do poder transformador da IA e do ML no design eletrónico.

Como a tecnologia continua a evoluir a um ritmo acelerado, é crucial manter-se informado sobre os últimos desenvolvimentos. Esta monografia serve de guia, ajudando-o a navegar na complexa e dinâmica intersecção do design eletrónico e da inteligência artificial. Esperamos que os conhecimentos, as análises e os exemplos práticos apresentados nesta obra não só aprofundem os seus conhecimentos, como também suscitem novas ideias e inovações neste campo empolgante.

Esperamos sinceramente que "Machine Learning and Artificial Intelligence in Electronics Design" se torne um recurso inestimável para educadores, investigadores e profissionais que se esforçam por aproveitar todo o potencial destas tecnologias no panorama em constante evolução do design eletrónico.

Dr. J.REFONAA

Conteúdo

Aprendizagem automática e inteligência artificial na conceção de eletrónica

RESUMO

A integração da Aprendizagem Automática (AM) e da Inteligência Artificial (IA) no design de eletrónica está a revolucionar a indústria ao permitir processos de design mais eficientes, inovadores e escaláveis. Este livro fornece uma visão abrangente da forma como o ML e a IA estão a transformar o design de eletrónica, começando com conceitos fundamentais e estendendo-se à sua aplicação na melhoria e automatização de fluxos de trabalho tradicionais. As principais áreas abrangidas incluem a otimização orientada por IA, a modelação preditiva e a tomada de decisões orientada por dados no âmbito da automatização do design eletrónico (EDA). Estudos de casos reais ilustram o impacto significativo destas tecnologias em várias indústrias, destacando o seu papel na promoção da inovação e na melhoria da eficiência no desenvolvimento de sistemas electrónicos. São abordadas questões como a gestão de dados, a formação e validação de modelos, a escalabilidade e a gestão da complexidade do projeto, sendo apresentadas soluções para ultrapassar estes obstáculos. Técnicas como a gestão avançada de dados, métodos de validação robustos e algoritmos escaláveis são essenciais para concretizar plenamente o potencial da IA e do ML na conceção de sistemas electrónicos. Estudos de casos reais e exemplos de indústrias como a eletrónica de consumo, a automóvel, a aeroespacial e a dos cuidados de saúde ilustram o impacto transformador da IA e da ML. Estes exemplos demonstram como estas tecnologias impulsionam a inovação, aumentam a eficiência e melhoram as experiências dos utilizadores em vários sectores. Em conclusão, a integração da IA e do ML na conceção de produtos electrónicos não só simplifica e optimiza os processos de conceção, como também abre novas vias para a inovação e o avanço tecnológico neste domínio.

Palavras-chave: Aprendizagem automática (ML), Inteligência Artificial (IA), Design de Eletrónica, Automação de Design de Eletrónica (EDA), Otimização, Modelação Preditiva, Design Orientado por Dados, Layout Automatizado, Otimização de Potência, Escalabilidade, Inovação, Desenvolvimento de Sistemas Electrónicos.

CAPÍTULO 1
Introdução à aprendizagem automática e à inteligência artificial

1.1 Introdução

A Inteligência Artificial (IA) e a Aprendizagem Automática (AM) são duas das tecnologias mais transformadoras do nosso tempo, impulsionando a inovação e remodelando os sectores. As suas aplicações vão desde produtos de consumo quotidiano a sistemas avançados em áreas como os cuidados de saúde, as finanças e o design eletrónico. Esta secção analisa a essência da IA e da ML, o seu desenvolvimento, princípios fundamentais e importância.

Definição de IA e ML

Inteligência Artificial (IA):

A Inteligência Artificial (IA) refere-se ao desenvolvimento de sistemas informáticos capazes de realizar tarefas que normalmente requerem a inteligência humana. Estas tarefas incluem o reconhecimento do discurso, a tomada de decisões, a tradução de línguas, entre outras. O objetivo da IA é criar máquinas capazes de imitar a cognição humana, permitindo-lhes resolver problemas, aprender com a experiência e adaptar-se a novas situações.

A IA evoluiu significativamente desde a sua criação na década de 1950. A investigação inicial em IA centrava-se em métodos simbólicos e na resolução de problemas algébricos, o que levou ao desenvolvimento de sistemas baseados em regras e de sistemas especializados nas décadas de 1970 e 1980. Estes sistemas podiam simular a perícia humana em domínios específicos, mas eram limitados pela sua incapacidade de aprender com os dados.

No final da década de 1990 e início da década de 2000, assistiu-se a um ressurgimento da investigação em IA, impulsionado pelos avanços na aprendizagem automática, pelo aumento da capacidade computacional e pela disponibilidade de grandes conjuntos de dados. Este período marcou o início da IA moderna, caracterizada pelo desenvolvimento das redes neuronais e da aprendizagem profunda.

Aprendizagem automática (ML):

O ML é um subconjunto da IA que se centra no desenvolvimento de algoritmos e modelos estatísticos que permitem aos computadores aprender e fazer previsões ou tomar decisões com base em dados. Ao contrário da programação tradicional, em que são fornecidas instruções específicas, os sistemas de aprendizagem automática são treinados utilizando grandes conjuntos de dados e melhoram o seu desempenho à medida que são expostos a mais dados.

A aprendizagem automática (AM) é um subconjunto da IA que se centra no desenvolvimento de algoritmos que podem aprender e fazer previsões com base em dados. Ao contrário da programação tradicional, em que são fornecidas instruções específicas, os sistemas de aprendizagem automática melhoram o seu desempenho através da experiência.

1.2 Conceitos-chave em ML

Dados: A base do ML são os dados. Os algoritmos de ML utilizam os dados para identificar padrões, tomar decisões e melhorar ao longo do tempo.

Algoritmos: São modelos matemáticos que processam dados e aprendem com eles. Os tipos comuns de algoritmos de aprendizagem automática incluem regressão linear, árvores de decisão e redes neuronais.

Treino e teste: Os modelos de ML são treinados num conjunto de dados (dados de treino) e depois avaliados num conjunto de dados separado (dados de teste) para medir o seu desempenho.

Caraterísticas e rótulos: As caraterísticas são as variáveis de entrada utilizadas para fazer previsões, enquanto as etiquetas são as variáveis de saída. Na aprendizagem supervisionada, o modelo aprende o mapeamento entre caraterísticas e rótulos.

1.3 História e evolução da IA e do ML

- Primeiros desenvolvimentos:

- **Década de 1950-1960:** Introdução de conceitos fundamentais; "Teste de Turing" de Alan Turing, desenvolvimento dos primeiros programas de IA.
- **Década de 1970-1980:** O aparecimento de sistemas especializados, que utilizavam abordagens baseadas em regras para imitar a perícia humana em domínios específicos.

- Os Invernos da IA:

- Períodos de redução do financiamento e do interesse pela investigação em IA devido a expectativas não satisfeitas.

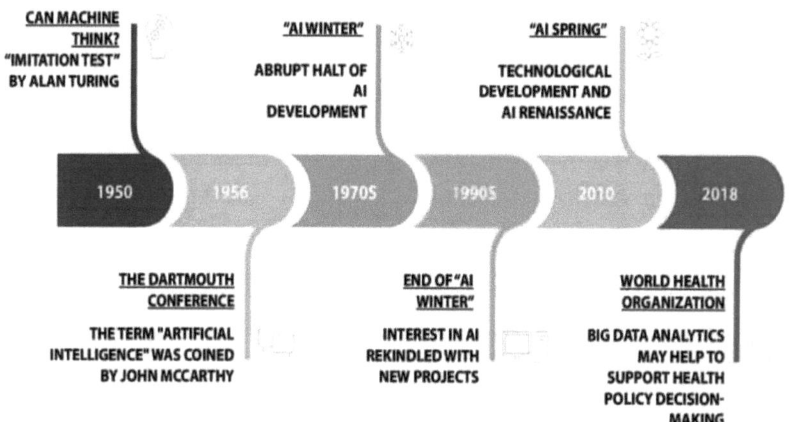

Fig.1.1 Linha cronológica da Inteligência Artificial (Bellini et.al.,2022)

- Avanços recentes:

- **Década de 1990 até à atualidade:** Ressurgimento impulsionado pelo aumento do poder computacional, disponibilidade de grandes conjuntos de dados e avanços nos algoritmos, em particular na aprendizagem profunda.

1.4 Conceitos-chave e terminologias

- **Algoritmos:** Procedimentos ou fórmulas passo-a-passo para resolver problemas. Na IA, os algoritmos são utilizados para o processamento de dados, o reconhecimento de padrões e a tomada de decisões.

- **Redes Neuronais:** Modelos computacionais inspirados no cérebro humano, constituídos por camadas de nós interligados (neurónios). Utilizados extensivamente na aprendizagem profunda.

- **Treino e teste:** No ML, os modelos são treinados num conjunto de dados e depois testados em novos dados para avaliar o seu desempenho.

- **Aprendizagem supervisionada:** Abordagem ML em que os modelos são treinados em dados rotulados (pares de entrada-saída).

- **Aprendizagem não supervisionada:** Abordagem de ML que lida com dados não rotulados, centrando-se na identificação de padrões e estruturas.

- **Aprendizagem por reforço:** Paradigma de ML em que os agentes aprendem através da interação com o seu ambiente, recebendo recompensas ou penalizações com base nas suas acções.

1.5 Tipos de IA

- **IA estreita (IA fraca):** Sistemas de IA concebidos para lidar com tarefas específicas. Os exemplos incluem assistentes virtuais, como a Siri e a Alexa, e sistemas de recomendação.
- **IA geral (IA forte):** IA hipotética que possui a capacidade de compreender, aprender e aplicar conhecimentos numa vasta gama de tarefas ao nível da inteligência humana.

Superinteligência artificial: Uma forma avançada de IA que ultrapassa a inteligência humana. Atualmente, é um conceito teórico.

1.6 Importância da IA e do ML

- **Automatização:** A IA e o ML permitem a automatização de tarefas repetitivas e complexas, melhorando a eficiência e a produtividade.
- **Análise de dados:** Fornecem ferramentas poderosas para analisar grandes conjuntos de dados, descobrir informações e tomar decisões baseadas em dados.
- **Inovação:** A IA e o ML impulsionam a inovação em todos os sectores, conduzindo ao desenvolvimento de novos produtos, serviços e soluções.

Implicações éticas e sociais

- **Preconceito e equidade:** Abordagem dos preconceitos nos modelos de IA/ML para garantir a justiça e a equidade.
- **Privacidade e segurança:** Salvaguardar os dados pessoais e garantir a segurança das aplicações de IA/ML.
- **Deslocação de postos de trabalho:** Equilíbrio entre os benefícios da automatização e os potenciais impactos no emprego.

1.7 Direcções futuras

- **Avanços nos algoritmos de aprendizagem:** Melhorias contínuas na eficiência e capacidade dos algoritmos.
- **Integração com outras tecnologias:** Combinar a IA/ML com a IoT, a

computação periférica e a computação quântica.

- **Quadros regulamentares:** Desenvolvimento de políticas e normas para orientar a utilização ética da IA e do ML.

A IA e o ML são parte integrante dos avanços tecnológicos modernos, oferecendo um imenso potencial para melhorar vários domínios, incluindo o design eletrónico. Compreender os seus fundamentos é crucial para tirar partido das suas capacidades de forma eficaz.

1.8 Construir uma carreira em IA/ML para design de eletrónica

Para construir uma carreira no domínio da IA e do ML, é necessário ter uma sólida compreensão dos fundamentos destas tecnologias, incluindo os diferentes tipos de IA, o papel do ML no desenvolvimento da IA e as várias aplicações da IA e do ML nas diferentes indústrias.

A IA é um domínio que inclui muitas tecnologias diferentes, como os sistemas baseados em regras, os sistemas especializados, a aprendizagem automática e a aprendizagem profunda. A aprendizagem automática é um ramo da IA que utiliza algoritmos para aprender padrões e fazer previsões com base em dados sem serem explicitamente codificados.

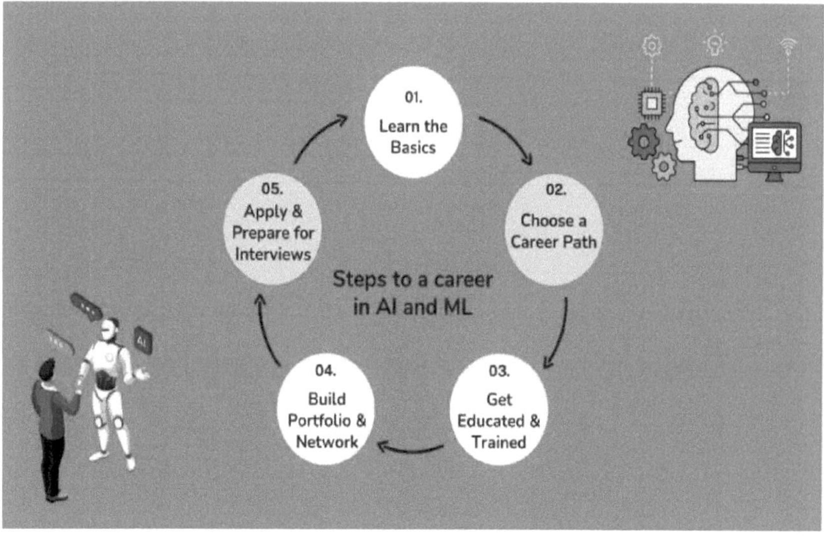

Fig. 1.2 Passos para construir uma carreira em Inteligência Artificial *(Fueled)*

Construir uma carreira no domínio da IA e da aprendizagem automática pode ser uma escolha gratificante e lucrativa para quem tem uma paixão pela tecnologia e pela análise de dados. Ao desenvolver uma base sólida em programação, estatística e algoritmos de aprendizagem automática, bem como ao manter-se atualizado com os mais recentes desenvolvimentos neste domínio, os aspirantes a profissionais de IA e ML podem posicionar-se para o sucesso nesta indústria excitante e em rápido crescimento.

CAPÍTULO 2
Fundamentos da conceção eletrónica

2.1 Princípios básicos de eletrónica

A eletrónica é a pedra angular da tecnologia moderna, abrangendo o estudo e a aplicação de circuitos eléctricos que envolvem componentes eléctricos activos, como transístores, díodos e circuitos integrados. Esta secção fornece uma compreensão fundamental da eletrónica, essencial para a aplicação da IA e do ML na conceção de eletrónica.

Fundamentos de eletricidade

- **Carga e corrente eléctrica:**
    - **Carga eléctrica:** A propriedade básica da matéria transportada por electrões e protões, criando campos eléctricos e resultando em forças de atração ou repulsão. Medida em coulombs (C).
    - **Corrente (I):** A taxa de fluxo de carga eléctrica, medida em amperes (A). Definida como I=dQdtI = \frac{dQ}{dt}I=dtdQ onde QQQ é a carga e ttt é o tempo.
- **Tensão e resistência:**
    - **Tensão (V):** Também conhecida como diferença de potencial elétrico, é a energia por unidade de carga que impulsiona o fluxo de electrões num circuito, medida em volts (V).
    - **Resistência (R):** A oposição ao fluxo de corrente num circuito elétrico, medida em ohms (Ω). Dada por R=VIR =

      frac{V}{I}R=IV.

2.2 Componentes de circuitos electrónicos

- **Componentes passivos:**
    - **Resistências:** Componentes que limitam a corrente e dividem a tensão. Utilizadas para polarizar componentes activos e controlar níveis de sinal.
    - **Condensadores:** Componentes que armazenam energia num campo

elétrico. Utilizados para filtrar, acoplar e desacoplar sinais.

- **Indutores:** Componentes que armazenam energia num campo magnético. Utilizados em filtros, transformadores e armazenamento de energia.

- **Componentes activos:**
  - **Díodos:** Dispositivos semicondutores que permitem que a corrente flua numa direção. Utilizados na retificação, regulação de tensão e desmodulação de sinais.
  - **Transístores:** Dispositivos semicondutores utilizados para amplificação e comutação. Blocos de construção fundamentais dos circuitos digitais.
  - **Circuitos integrados (CIs):** Conjuntos complexos de transístores, díodos, resistências e condensadores numa única embalagem. Incluem CIs analógicos (por exemplo, amplificadores operacionais) e CIs digitais (por exemplo, microprocessadores).

- **Comparação:**

O quadro seguinte apresenta as principais diferenças entre os dois tipos de componentes eléctricos.

Tabela 2.1 Diferença entre componentes activos e passivos *(Blogue OurPCB)*

Caraterística	Componente ativa	Componente passivo
Potência	Fornecem energia a um circuito. Por conseguinte, são uma fonte de energia.	Utiliza ou armazena energia num circuito.
Tipo de elementos	Transístores, díodos. SCR, pilhas, baterias, etc.	Condensadores, Resistências, Transdutores, Transformadores, Indutores, etc
Requisitos operacionais	Precisam de uma fonte externa para facilitar o seu funcionamento.	Não necessitam de uma fonte externa.
Tipo de ganho de remo	Pode fornecer um feixe de potência de forma semelhante a um amplificador.	Falta-lhes a capacidade de ganhar poder.
Capacidade de armazenar energia	Incapaz de armazenar energia.	Um indutor e um condensador podem armazenar energia.
Comportamento energético	São um dador de energia.	Pelo contrário, são um aceitador de energia.
Controlo do fluxo de corrente	Capaz de regular o débito de corrente/fornecimento de corrente.	incapaz de regular o fluxo de carga.
Tipo de linearidade	Mon-linear.	Linear.
Capacidade de amplificação	Podem amplificar um sinal, uma vez que têm um ganho de saída superior a 1.	Têm um ganho de sinal inferior a 1, pelo que não podem amplificar um sinal

2.3 Teoria de circuitos

- Lei de Ohm e Leis de Kirchhoff:

- **Lei de Ohm:** Define a relação entre tensão, corrente e resistência: VI RV = I \times RV I R.
- **Lei da Tensão de Kirchhoff (KVL):** A soma algébrica de todas as tensões em torno de um circuito fechado é zero.
- **Lei das Correntes de Kirchhoff (KCL):** A soma algébrica de todas as correntes que entram numa junção é igual à soma de todas as correntes que saem da junção.

- **Circuitos em série e em paralelo:**
  - **Circuitos em série:** Componentes ligados num único caminho. A resistência total é a soma das resistências individuais.
  - **Circuitos em paralelo:** Componentes ligados através da mesma fonte de tensão. A resistência total é a soma recíproca dos recíprocos das resistências individuais.

2.4 Teoria dos sinais

- **Sinais analógicos:** Sinais contínuos que variam suavemente ao longo do tempo. Exemplos incluem sinais de áudio e leituras de temperatura.
- **Sinais digitais:** Sinais discretos que representam informação utilizando valores binários (0s e 1s). Os exemplos incluem dados informáticos e áudio digital.
- **Formas de onda:** Representações de sinais, incluindo ondas sinusoidais, ondas quadradas e ondas triangulares. Cada forma de onda tem propriedades únicas que afectam a sua utilização em circuitos.

2.5 Física de semicondutores

- **Materiais semicondutores:** Materiais como o silício e o germânio com condutividade eléctrica entre condutores e isoladores. São cruciais para o fabrico de díodos, transístores e circuitos integrados.
- **Junções P-N:** A fronteira entre semicondutores do tipo p e do tipo n, formando a base de díodos e transístores. Apresenta um comportamento de retificação.
- **Dopagem:** O processo de adição de impurezas a semicondutores puros para alterar as suas propriedades eléctricas. Cria materiais do tipo n (excesso de electrões) ou do tipo p (excesso de buracos).

2.6 Dispositivos electrónicos básicos e seu funcionamento

- **Díodos:**
  - **Funcionamento:** Permite que a corrente flua num só sentido, utilizado em rectificadores, reguladores de tensão e desmoduladores de sinais.
  - **Tipos:** Inclui díodos rectificadores, díodos Zener, díodos emissores de luz (LEDs) e fotodíodos.

- **Transístores:**
  - **Funcionamento:** Actua como um interrutor ou amplificador. Pequenas alterações na tensão de entrada controlam uma corrente maior.
  - **Tipos:** Inclui transístores bipolares de junção (BJT) e transístores de efeito de campo (FET).
- **Amplificadores operacionais (Op-Amps):**
  - **Funcionamento:** Amplificadores de tensão de alto ganho utilizados para condicionamento de sinais, filtragem e operações matemáticas.
  - **Configurações:** Inclui amplificadores inversores, não inversores, de soma e diferenciais.

2.7 Fonte de alimentação e regulação

- **Fontes de alimentação:**
  - **Tipos:** Inclui conversores de CA para CC, conversores de CC para CC e fontes de alimentação lineares.
  - **Funcionamento:** Converte e regula a energia eléctrica para fornecer tensão e corrente estáveis e adequadas aos circuitos electrónicos.
- **Reguladores de tensão:**
  - **Reguladores lineares:** Fornecem uma tensão de saída estável, dissipando o excesso de energia sob a forma de calor.
  - **Reguladores de comutação:** Mais eficientes, utilizam indutores e condensadores para regular a tensão de saída com perdas mínimas de energia.

2.8 Componentes de sistemas electrónicos

Os sistemas electrónicos são compostos por vários componentes, cada um desempenhando funções específicas essenciais para o funcionamento geral do sistema. A compreensão destes componentes é crucial para a conceção e implementação de soluções electrónicas eficazes.

Componentes activos

- **Transístores:**
  - **BJTs e FETs:** Utilizados em amplificadores, comutadores e modulação de sinais. Os BJTs são controlados por corrente, enquanto os FETs são dispositivos controlados por tensão.
  - **Aplicações:** Amplificação em sistemas de áudio, comutação em circuitos digitais e processamento de sinais em dispositivos de comunicação.
- **Circuitos integrados (CI):**
  - **ICs analógicos:** Inclui amplificadores operacionais, reguladores de tensão e conversores analógico-digitais.
  - **ICs digitais:** Inclui microcontroladores, microprocessadores, chips de memória e portas lógicas.

Componentes passivos

- Resistências:

- **Tipos:** Resistências fixas, resistências variáveis (potenciómetros) e termístores.
- **Aplicações:** Limitação de corrente, divisão de tensão e sinal

  condicionamento.

- Condensadores:

- **Tipos:** Condensadores cerâmicos, electrolíticos, de tântalo e de película.

- **Aplicações:** Filtragem, acoplamento/desacoplamento e armazenamento de energia.

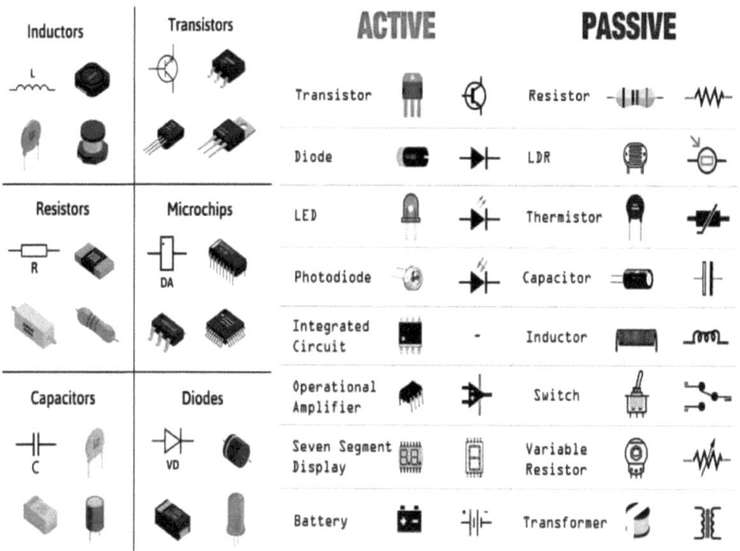

Fig.2.2 Componentes electrónicos activos e passivos (Hackatronic)

- **Indutores:**
    - **Tipos:** Indutores com núcleo de ar, núcleo de ferro e núcleo de ferrite.
    - **Aplicações:** Filtragem, armazenamento de energia e aquecimento por indução.

A figura 2.2 mostra os vários componentes electrónicos utilizados na conceção eletrónica.

A principal diferença entre componentes electrónicos activos e passivos reside na sua capacidade de controlar a corrente eléctrica.

Os componentes activos podem controlar o fluxo de eletricidade, enquanto os componentes passivos não podem controlar o fluxo de eletricidade que os atravessa.

Componentes de potência

- **Transformers:**
    - **Funcionamento:** Transfere energia eléctrica entre circuitos através de indução electromagnética. Utilizado para aumentar ou diminuir a tensão.
    - **Tipos:** Transformadores de potência, transformadores de isolamento e

autotransformadores.

- **Baterias:**
    - **Tipos:** Pilhas primárias (não recarregáveis) e secundárias (recarregáveis). Os exemplos incluem pilhas alcalinas, de iões de lítio e de hidreto metálico de níquel.
    - **Aplicações:** Eletrónica portátil, fontes de alimentação de reserva e veículos eléctricos.

Dispositivos de visualização e de entrada

- **Apresenta:**
    - **Tipos:** Ecrãs de cristais líquidos (LCD), díodos emissores de luz (LED) e LED orgânicos (OLED).
    - **Aplicações:** Interfaces de utilizador em eletrónica de consumo, sinalização digital e painéis de instrumentação.
- **Dispositivos de entrada:**
    - **Tipos:** Teclados, ecrãs tácteis e sensores.
    - **Aplicações:** Entrada de dados, interação com o utilizador e monitorização ambiental.

2.9 Conceção e análise de circuitos

A conceção e análise de circuitos são fundamentais para o desenvolvimento de sistemas electrónicos funcionais e fiáveis. Esta secção explora os princípios, as metodologias e as ferramentas utilizadas para conceber, simular e analisar circuitos electrónicos, fornecendo uma base para a integração de técnicas de IA e ML na conceção eletrónica.

Metodologias de conceção

Conceção de cima para baixo

- **Visão geral:** Esta abordagem começa com uma especificação de sistema de alto nível e divide-a em subsistemas e componentes mais pequenos e fáceis de gerir. Concentra-se na definição da arquitetura e funcionalidade globais antes de mergulhar na conceção detalhada.

- **Processo:**
    1. **Análise de requisitos:** Identificar os requisitos e as restrições do sistema.
    2. **Arquitetura do sistema:** Desenvolver uma conceção de alto nível que descreva os principais componentes e as suas interações.
    3. **Conceção do subsistema:** Decompor o sistema em subcomponentes, definindo a sua funcionalidade e interfaces.
    4. **Conceção pormenorizada:** Criar esquemas pormenorizados e especificações de conceção para cada subsistema e componente.
- **Vantagens:** Facilita o planeamento e a integração abrangentes a nível do sistema; útil para sistemas complexos com múltiplas partes em interação.
- **Desvantagens:** Pode implicar um planeamento inicial extenso e uma menor flexibilidade para mudanças incrementais.

Conceção de baixo para cima

- **Visão geral:** Esta abordagem começa com a conceção de componentes ou circuitos individuais e depois integra-os num sistema completo. Centra-se no desenvolvimento e teste de cada parte antes de montar o sistema final.
- **Processo:**
    1. **Conceção de componentes:** Desenvolver e testar componentes ou circuitos individuais.
    2. **Integração:** Combinar componentes testados em subsistemas maiores.
    3. **Montagem do sistema:** Integrar os subsistemas no sistema final.
    4. **Teste de sistema:** Validar todo o sistema em relação aos requisitos.
- **Vantagens:** Permite o desenvolvimento iterativo e o teste de componentes individuais; mais fácil de resolver problemas e modificar.
- **Desvantagens:** Pode exigir retrabalho ou redesenho ao integrar componentes; pode não haver uma arquitetura global clara do sistema.

Conceção iterativa

- **Visão geral:** Combina elementos das abordagens top-down e bottom-up. Dá ênfase ao desenvolvimento iterativo, em que a conceção, o teste e o aperfeiçoamento são ciclos repetidos.

- **Processo:**

    1. **Conceção inicial:** Desenvolver um projeto preliminar baseado em requisitos de alto nível.
    2. **Prototipagem:** Criar e testar protótipos para validar conceitos de design.
    3. **Refinamento:** Modificar a conceção com base no feedback do protótipo.
    4. **Conceção final:** Desenvolver o projeto final após melhorias iterativas.

- **Vantagens:** Flexível e adaptável; permite a melhoria contínua com base em testes e feedback.
- **Desvantagens:** Pode ser demorado e exigir muitos recursos devido às repetidas iterações.

2.10 Técnicas de análise de circuitos

Lei de Ohm: Princípio fundamental que relaciona a tensão (V), a corrente (I) e a resistência (R) num circuito elétrico. Afirma que VIRV = I \times RVIR.

- **Aplicações:** Utilizado para calcular quedas de tensão, fluxo de corrente e resistência em circuitos. Essencial para a conceção e análise de circuitos simples.

Leis de Kirchhoff

- **Lei da Tensão de Kirchhoff (KVL):**
    - **Princípio:** A soma de todas as tensões em torno de um circuito fechado é zero. Esta lei baseia-se na conservação da energia.
    - **Aplicação:** Utilizado para analisar circuitos através da criação de equações que contabilizam todas as quedas de tensão e fontes num circuito.
- **Lei da Corrente de Kirchhoff (KCL):**
    - **Princípio:** A soma das correntes que entram numa junção é igual à soma das correntes que saem da junção. Esta lei é baseada na conservação da carga.

- **Aplicação:** Utilizado para analisar circuitos, estabelecendo equações que equilibram as correntes nas junções.

Teoremas de Thevenin e de Norton

- **Teorema de Thevenin:**
  - **Princípio:** Qualquer circuito linear com fontes de tensão, fontes de corrente e resistências pode ser substituído por um circuito equivalente constituído por uma única fonte de tensão (tensão de Thevenin) e uma única resistência (resistência de Thevenin).
  - **Aplicação:** Simplifica a análise de circuitos complexos, reduzindo-os a circuitos equivalentes mais simples.
- **Teorema de Norton:**
  - **Princípio:** Qualquer circuito linear pode ser substituído por um circuito equivalente constituído por uma única fonte de corrente (corrente de Norton) e uma única resistência (resistência de Norton).
  - **Aplicação:** Útil para analisar circuitos com múltiplos componentes em paralelo, simplificando-os para uma fonte de corrente e uma resistência.

Método da tensão de nó

- **Descrição geral:** Um método sistemático para analisar circuitos eléctricos, definindo a tensão em cada nó relativamente a um nó de referência (terra).
- **Processo:**
  1. **Identificar os nós:** Determinar todos os nós do circuito e escolher um nó de referência (terra).
  2. **Escrever equações:** Aplicar o KCL a cada nó para criar equações baseadas na soma das correntes que saem ou entram no nó.
  3. **Resolver equações:** Resolver o sistema de equações para encontrar as tensões dos nós.
- **Aplicações:** Útil para analisar circuitos complexos com múltiplos nós e ramos.

Método da corrente de malha

- **Descrição geral:** Uma técnica para analisar circuitos planares (circuitos que podem ser desenhados num único plano) definindo correntes de malha para cada loop no circuito.
- **Processo:**
  1. **Identificar malhas:** Determinar os laços independentes (malhas) no circuito.
  2. **Escrever equações:** Aplique o KVL a cada malha para definir equações baseadas na soma das quedas de tensão em torno do loop.
  3. **Resolver equações:** Resolver o sistema de equações para encontrar as correntes de malha.
- **Aplicações:** Eficaz para analisar circuitos planares com múltiplos loops e componentes.

2.11 Ferramentas de simulação

SPICE (Programa de Simulação com Ênfase em Circuitos Integrados)

- **Visão geral:** Uma ferramenta de simulação amplamente utilizada para analisar o comportamento de circuitos electrónicos.
- **Caraterísticas:**
  - **Simulação de circuitos:** Modela e simula circuitos analógicos, digitais e de sinal misto.
  - **Tipos de análise:** Inclui análise de transientes, análise AC, análise DC e análise de ruído.
  - **Aplicações:** Utilizado para verificar projectos de circuitos, prever o comportamento do circuito e otimizar o desempenho.
- **Variantes:** Inclui o LTspice, o HSPICE e o PSpice, cada um com as suas próprias caraterísticas e capacidades.

Ferramentas CAD (desenho assistido por computador)

- **Descrição geral:** Ferramentas de software utilizadas para a conceção de circuitos electrónicos e placas de circuitos impressos (PCB).

- **Caraterísticas:**
  - **Captura de esquemas:** Permite aos projectistas criar e editar esquemas de circuitos.
  - **Layout de PCB:** Fornece ferramentas para a conceção de esquemas de PCB, incluindo a colocação e o encaminhamento de componentes.
  - **Verificação das regras de conceção:** Assegura que o projeto respeita as restrições de fabrico e eléctricas.
- **Exemplos:**
  - **Altium Designer:** Ferramenta abrangente para design e simulação de PCB.
  - **Eagle:** Ferramenta popular para captura de esquemas e layout de PCB, especialmente para amadores.
  - **KiCad:** Ferramenta de código aberto para desenho de PCB e captura de esquemas.

Prototipagem e testes

Prancheta

- **Descrição geral:** Uma técnica para criar protótipos de circuitos electrónicos sem soldar. As placas de circuito impresso proporcionam uma forma temporária e flexível de testar e modificar projectos de circuitos.
- **Caraterísticas:**
  - **Componentes:** Inclui uma grelha de orifícios ligados em linhas e colunas, permitindo a fácil inserção e remoção de componentes e fios.
  - **Aplicações:** Utilizado para testes iniciais e desenvolvimento de projectos de circuitos antes de finalizar a disposição da placa de circuito impresso.
- **Limitações:** Limitado a circuitos de frequência relativamente baixa e de baixa potência; pode ser propenso a problemas de ligação e ruído.

Testes e depuração

- **Ferramentas de teste:**
  - **Multímetros:** Medem a tensão, a corrente e a resistência. Essencial para verificar os parâmetros do circuito e resolver problemas.
  - **Osciloscópios:** Visualizam e analisam formas de onda. Útil para observar o comportamento, o tempo e a qualidade do sinal.
  - **Geradores de sinais:** Produzem sinais de teste para análise e caraterização de circuitos.
- **Técnicas de depuração:**
  - **Inspeção visual:** Verificar se existem problemas óbvios, como erros de colocação de componentes, problemas de soldadura ou componentes danificados.
  - **Teste de funcionamento:** Verificar se o circuito funciona como previsto em várias condições de funcionamento.
  - **Testes automatizados:** Utilizar guiões de teste e equipamento automatizado para validar o desempenho e a funcionalidade do circuito.

Ferramentas de prototipagem

- **Impressoras 3D:** Utilizadas para criar caixas personalizadas e peças mecânicas para projectos electrónicos.
- **PCBs personalizadas:** Uma vez validado o desenho de um circuito, são fabricadas PCB personalizadas para substituir as placas de ensaio e fornecer uma solução mais permanente e fiável.

A conceção e análise eficazes de circuitos são cruciais para o desenvolvimento de sistemas electrónicos robustos e funcionais. Compreender as metodologias de conceção, as técnicas de análise, as ferramentas de simulação e os métodos de prototipagem dota os engenheiros e os projectistas das ferramentas necessárias para criar e otimizar circuitos electrónicos.

Este conhecimento estabelece as bases para a integração da IA e do ML na conceção eletrónica, melhorando as capacidades e o desempenho do sistema.

2.12 Ferramentas de automatização do design

As ferramentas de automatização do design (DAT) desempenham um papel crucial no design eletrónico moderno, permitindo aos engenheiros simplificar o processo de desenvolvimento, reduzir os erros e acelerar o tempo de colocação no mercado.

Estas ferramentas abrangem uma série de aplicações, desde a captura de esquemas e a simulação de circuitos até à conceção e verificação de esquemas. Esta secção apresenta uma panorâmica aprofundada de várias ferramentas de automatização do design, das suas funcionalidades e do seu impacto no design eletrónico.

Ferramentas de automatização da conceção eletrónica (EDA)

Visão geral das ferramentas EDA

- **Definição:** As ferramentas EDA são aplicações de software utilizadas para conceber, simular e analisar sistemas electrónicos. Facilitam a automatização de circuitos

  processos de conceção, permitindo um desenvolvimento mais eficiente e preciso de circuitos e sistemas electrónicos.

- **Objetivo:** Prestar assistência aos engenheiros na conceção de sistemas electrónicos complexos, desde circuitos simples a circuitos integrados (CI), automatizando tarefas repetitivas e fornecendo capacidades avançadas de simulação e análise.

Principais ferramentas EDA e suas funções

- **Ferramentas de captura de esquemas:**
  - **Objetivo:** Permite aos projectistas criar e modificar diagramas de circuitos que representam circuitos electrónicos.
  - **Exemplos:** Altium Designer, OrCAD, KiCad.
  - **Caraterísticas:** Componentes de arrastar e largar, verificação de erros em tempo real e suporte de design hierárquico.
- **Ferramentas de desenho de PCB:**
  - **Objetivo:** Facilita a criação de esquemas de placas de circuitos impressos, incluindo a colocação de componentes, o encaminhamento e a verificação

das regras de conceção.

  - **Exemplos:** Altium Designer, Eagle, KiCad, CircuitMaker.
  - **Caraterísticas:** Roteamento automatizado, gerenciamento de empilhamento de camadas e visualização 3D.

- **Ferramentas de simulação de circuitos:**
  - **Objetivo:** Modelar e simular o comportamento de circuitos electrónicos para prever o desempenho e identificar potenciais problemas.
  - **Exemplos:** SPICE (LTspice, HSPICE, PSpice), Multisim.
  - **Caraterísticas:** Análise de transientes, análise AC, análise DC e varrimentos paramétricos.

- **Ferramentas de verificação:**
  - **Objetivo:** Assegurar que a conceção cumpre os requisitos especificados e funciona corretamente.
  - **Exemplos:** Verificação das regras de conceção (DRC), verificação das regras eléctricas (ERC), ferramentas de análise da integridade do sinal.
  - **Caraterísticas:** Verificação automatizada de regras, análise da integridade do sinal e análise térmica.

2.13 Ambientes de desenvolvimento integrado (IDEs)

Visão geral dos IDEs

- **Definição:** Os ambientes de desenvolvimento integrado (IDE) são plataformas de software abrangentes que fornecem uma gama de ferramentas para o design eletrónico, incluindo a captura de esquemas, a apresentação de PCB, a simulação e a depuração.
- **Objetivo:** Oferecer uma solução tudo-em-um para a conceção e o desenvolvimento de sistemas electrónicos, melhorando a produtividade e a coordenação entre as equipas de conceção.

Principais caraterísticas dos IDEs

- **Interface unificada:** Fornece uma plataforma única para todas as actividades de conceção, reduzindo a necessidade de alternar entre diferentes ferramentas.

- **Integração:** Integra perfeitamente a captura esquemática, o layout PCB e as ferramentas de simulação para agilizar o processo de design.
- **Colaboração:** Suporta funcionalidades de colaboração como o controlo de versões, revisões de design e gestão de projectos em equipa.

Exemplos de IDEs

- **Altium Designer:** Um IDE poderoso e abrangente conhecido pelas suas capacidades avançadas de desenho e simulação de PCB.
- **Cadence Allegro:** Uma ferramenta padrão da indústria para design e verificação de PCB de alto desempenho.
- **Mentor Graphics Xpedition:** Oferece capacidades avançadas de conceção de PCB, integridade de sinal e fabrico.

Ferramentas especializadas de automação de design

Ferramentas de desenho analógico

- **Objetivo:** Concentrar-se na conceção e análise de circuitos analógicos, incluindo filtros, amplificadores e osciladores.
- **Exemplos:** Cadence Virtuoso, Keysight ADS (Advanced Design System).
- **Caraterísticas:** Modelos avançados de simulação, análise de ruído e otimização de circuitos.

Ferramentas de desenho digital

- **Objetivo:** Utilizado para a conceção e verificação de circuitos digitais, incluindo portas lógicas, flip-flops e microprocessadores.
- **Exemplos:** Xilinx Vivado, Intel Quartus.
- **Caraterísticas:** Síntese lógica, análise de temporização e configuração de FPGA.

Ferramentas de design de sinal misto

- **Objetivo:** Apoiar a conceção de circuitos que combinem componentes analógicos e digitais.

- **Exemplos:** Mentor Graphics Questa ADMS, Cadence AMS Designer.

- **Caraterísticas:** Simulação de sinais mistos, modelação comportamental e verificação.

2.14 Automatização e otimização

Fluxo de desenho automatizado

- **Visão geral:** Refere-se à utilização de processos automatizados para racionalizar a conceção e o desenvolvimento de sistemas electrónicos.

- **Componentes:**

    - **Layout automatizado:** Ferramentas que encaminham automaticamente traços de PCB e colocam componentes com base em regras e restrições de conceção.

    - **Algoritmos de otimização:** Técnicas para otimizar o desempenho do circuito, o consumo de energia e a eficiência da disposição.

    - **Exploração do espaço de conceção:** Métodos automatizados para explorar várias alternativas de conceção para encontrar a solução óptima.

Aprendizagem automática e IA na automatização do design

- **Visão geral:** Aproveitamento da aprendizagem automática (ML) e da inteligência artificial (IA) para melhorar as ferramentas de automatização do projeto.

- **Aplicações:**

    - **Conceção preditiva:** Utilização de algoritmos de ML para prever os resultados e o desempenho do projeto com base em dados históricos.

    - **Testes automatizados:** Ferramentas baseadas em IA para automatizar o ensaio e a verificação de projectos electrónicos.

    - **Otimização do design:** Aplicação de IA para otimizar os projectos de circuitos para métricas de desempenho, potência e área (PPA).

2.15 Desafios e direcções futuras

Desafios na automatização da conceção:

- **Complexidade:** À medida que os projectos se tornam mais complexos, a gestão e integração de diferentes ferramentas e tecnologias pode ser um desafio.
- **Interoperabilidade:** Garantir a compatibilidade e o intercâmbio de dados sem descontinuidades entre diferentes ferramentas e plataformas EDA.
- **Desempenho:** Equilíbrio entre a automatização do projeto e a necessidade de simulações precisas e de elevado desempenho.

Direcções futuras

- **Integração avançada de IA:** Aumentar a utilização da IA e do ML para melhorar as capacidades de automatização do design, melhorar a precisão e reduzir o tempo de design.
- **Soluções baseadas na nuvem:** Aproveitamento da computação em nuvem para automação de design escalável e colaborativa.
- **Aumento da automatização:** Maior automatização de tarefas de conceção repetitivas e complexas para melhorar a eficiência e reduzir os erros humanos.

As ferramentas de automatização do design são essenciais para o design eletrónico moderno, fornecendo capacidades poderosas para a captura de esquemas, disposição de PCB, simulação e verificação. Ao compreender e utilizar estas ferramentas, os engenheiros podem melhorar os seus processos de conceção, reduzir os erros e acelerar o desenvolvimento de produtos. A integração da IA e do ML na automatização do design representa um avanço significativo, oferecendo novas oportunidades para otimizar e melhorar os sistemas electrónicos.

CAPÍTULO 3

Intersecção de IA/ML e conceção de eletrónica

A integração da Inteligência Artificial (IA) e da Aprendizagem Automática (AM) na conceção de produtos electrónicos está a revolucionar a indústria, melhorando os processos de conceção, aumentando a eficiência e permitindo soluções inovadoras. Esta secção explora a forma como a IA e o ML influenciam a conceção de produtos electrónicos e apresenta estudos de casos que demonstram as suas aplicações práticas.

3.1 Como a IA e o ML influenciam o design de eletrónica

Automatização de design melhorada

- **Ferramentas de conceção orientadas para a IA:**
    - **Função:** Os algoritmos de IA estão a ser cada vez mais utilizados para automatizar tarefas de conceção complexas, como a captura de esquemas, a conceção de esquemas e a otimização.
    - **Benefícios:** Reduz o esforço manual, acelera os ciclos de conceção e melhora a precisão, tirando partido do reconhecimento de padrões e da análise preditiva.
- **Exploração do espaço de conceção:**
    - **Função:** Os modelos ML podem explorar um vasto espaço de conceção para identificar configurações e compromissos óptimos.
    - **Benefícios:** Facilita a descoberta de soluções de design inovadoras através da avaliação de múltiplas alternativas de design e dos seus potenciais impactos no desempenho, potência e área (PPA).

3.2 Análise preditiva e otimização

- Previsão de desempenho:

- **Função:** Os modelos ML podem prever o desempenho do circuito com base em dados históricos e resultados de simulação.
- **Benefícios:** Ajuda os projectistas a antecipar problemas no início do processo de conceção, reduzindo a necessidade de testes e validação iterativos extensivos.

A figura 3.1 mostra o fluxo do processo de inteligência artificial (IA) e aprendizagem automática (ML).

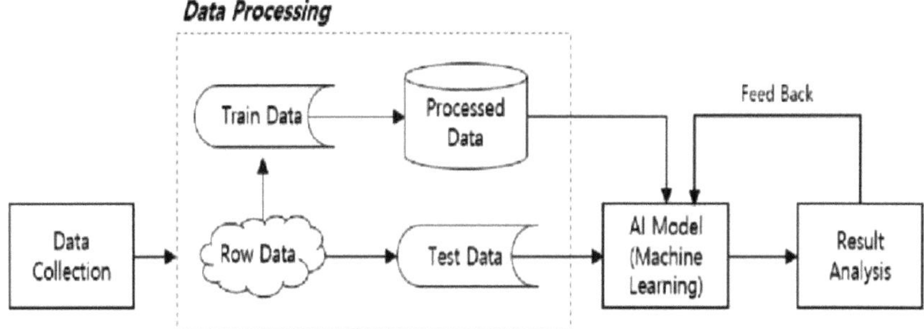

Fig.3.1 Fluxo de aprendizagem automática da inteligência artificial (IA) (Kim, Jinsu **et.al.,2020)**

- **Algoritmos de otimização:**
  - **Função:** Os algoritmos de otimização baseados em IA podem ajustar automaticamente os parâmetros de conceção para satisfazer critérios de desempenho ou restrições específicas.
  - **Benefícios:** Aumenta a eficiência dos processos de otimização do design, conduzindo a sistemas electrónicos com melhor desempenho e mais eficientes.

3.3 Testes e verificações automatizados

- **Testes automatizados:**
  - **Função:** A IA e o ML podem automatizar a geração e a execução de casos de teste para verificar os projectos de circuitos.
  - **Benefícios:** Aumenta a eficiência dos testes, reduz a probabilidade de erro humano e garante uma cobertura abrangente dos requisitos do projeto.
- **Deteção e diagnóstico de falhas:**
  - **Função:** Os algoritmos de IA podem analisar resultados de testes para identificar e diagnosticar falhas ou anomalias em circuitos electrónicos.
  - **Benefícios:** Melhora a precisão da deteção de falhas e acelera o processo de depuração, conduzindo a desenhos mais fiáveis e robustos.

3.4 Sistemas adaptativos e de auto-aprendizagem

- **Circuitos de auto-aprendizagem:**
  - o **Função:** As técnicas de aprendizagem automática permitem que os circuitos se adaptem e aprendam com o seu ambiente de funcionamento ou com as interações do utilizador.
  - o **Benefícios:** Permite ajustes dinâmicos aos parâmetros de desempenho, aumentando a flexibilidade e a adaptabilidade dos sistemas electrónicos.
- **Algoritmos adaptativos:**
  - o **Função:** Os algoritmos de IA podem adaptar-se em tempo real a condições ou requisitos variáveis.
  - o **Benefícios:** Optimiza o desempenho do sistema e a utilização de recursos, aprendendo e ajustando continuamente com base no feedback.

3.5 Inovação e criatividade no design

- **Design generativo:**
  - o **Função:** As ferramentas de conceção generativa baseadas em IA criam novas soluções de conceção com base em especificações de alto nível.
  - o **Benefícios:** Facilita a inovação, explorando abordagens de conceção não convencionais e gerando soluções criativas que podem não ser evidentes através dos métodos de conceção tradicionais.
- **Criatividade assistida por IA:**
  - o **Função:** As ferramentas de IA podem ajudar os designers no brainstorming e na ideação, fornecendo recomendações e sugerindo alternativas de design.
  - o **Benefícios:** Aumenta a criatividade e acelera a exploração de novos conceitos e tecnologias de design.

3.6 Estudos de casos de IA/ML em eletrónica

3.6.1 Estudo de caso: Otimização de design de PCB melhorada por IA

- **Empresa:** Altium

- **Aplicação:** O Altium Designer integra ferramentas orientadas por IA para otimizar o projeto de layout de PCB.
- **Detalhes:**
  - **Desafio:** Os processos tradicionais de design de PCBs eram demorados e propensos a erros manuais.
  - **Solução de IA:** Implementou algoritmos de IA para roteamento e colocação automatizados, otimizando o layout da PCB para desempenho e capacidade de fabricação.
  - **Resultado:** Reduziu o tempo de projeto em 30%, minimizou os erros e melhorou a qualidade geral dos projectos de PCB.

3.6.2 Estudo de caso: Aprendizagem automática para o fabrico de semicondutores

- **Empresa:** Intel
- **Aplicação:** A Intel utiliza algoritmos de aprendizagem automática para melhorar os processos de fabrico de semicondutores.
- **Detalhes:**
  - **Desafio:** Os defeitos de fabrico e os problemas de rendimento estavam a afetar a eficiência da produção.
  - **Solução ML:** Aplicou modelos de ML para analisar dados de processos de fabrico e prever potenciais defeitos.
  - **Resultado:** Melhoria da deteção de defeitos, aumento das taxas de rendimento e redução dos custos de fabrico em 20%.

3.6.3 Estudo de caso: IA para a automatização do design eletrónico (EDA)

- **Empresa:** Cadence Design Systems
- **Aplicação:** As ferramentas de EDA da Cadence tiram partido da IA para a automatização e verificação do design.
- **Detalhes:**
  - **Desafio:** A verificação do projeto estava a tornar-se cada vez mais

complexa e exigia muitos recursos.

  - **Solução de IA:** Ferramentas de verificação integradas baseadas em IA para automatizar a geração e análise de casos de teste.
  - **Resultado:** Maior precisão na verificação, redução do tempo de colocação no mercado e maior fiabilidade do projeto.

3.6.4 Estudo de caso: Projeto de circuitos de RF orientado por IA

- **Empresa:** Keysight Technologies
- **Aplicação:** O RF Design Suite da Keysight utiliza IA para projetar circuitos de radiofrequência (RF).
- **Detalhes:**
  - **Desafio:** O projeto de circuitos de RF envolve simulações complexas e análise de desempenho.
  - **Solução de IA:** Implementação de algoritmos de IA para aceleração da simulação e otimização do desempenho.
  - **Resultado:** Reduziu os tempos de simulação em 50%, melhorou a precisão do projeto e permitiu um desenvolvimento mais rápido de circuitos RF.

3.6.5 Estudo de caso: Algoritmos adaptativos em dispositivos IoT

- **Empresa:** Texas Instruments
- **Aplicação:** A Texas Instruments integra algoritmos adaptativos em dispositivos IoT para ajustes em tempo real.
- **Detalhes:**
  - **Desafio:** Os dispositivos IoT exigiam ajustes dinâmicos de desempenho com base nas condições ambientais.
  - **Solução de IA:** Utilizou algoritmos de ML para permitir um comportamento adaptativo e otimizar o desempenho do dispositivo em tempo real.
  - **Resultado:** Melhoria da funcionalidade e da eficiência dos dispositivos IoT, conduzindo a melhores experiências de utilização e a uma maior

duração da bateria.

A interseção da IA e do ML com o design de eletrónica está a impulsionar avanços significativos na indústria. Ao tirar partido das tecnologias de IA e ML, os engenheiros e designers podem melhorar a automatização do design, otimizar o desempenho, melhorar os testes e a verificação e promover a inovação. Os estudos de caso apresentados ilustram as aplicações práticas destas tecnologias, destacando o seu impacto transformador na conceção e fabrico de produtos electrónicos. À medida que a IA e o ML continuam a evoluir, a sua integração no design de eletrónica conduzirá, sem dúvida, a mais inovações e melhorias neste domínio.

CAPÍTULO 4
Técnicas de aprendizagem automática para o projeto de eletrónica

4.1 Introdução

As técnicas de aprendizagem automática (ML) oferecem ferramentas poderosas para resolver problemas complexos na conceção de eletrónica. Desde a otimização do desempenho do circuito até à automatização dos processos de conceção, os métodos de aprendizagem automática podem melhorar vários aspectos do desenvolvimento da eletrónica. Esta secção analisa diferentes técnicas de ML e as suas aplicações no design de eletrónica, incluindo a aprendizagem supervisionada, a aprendizagem não supervisionada, a aprendizagem por reforço e a aprendizagem profunda.

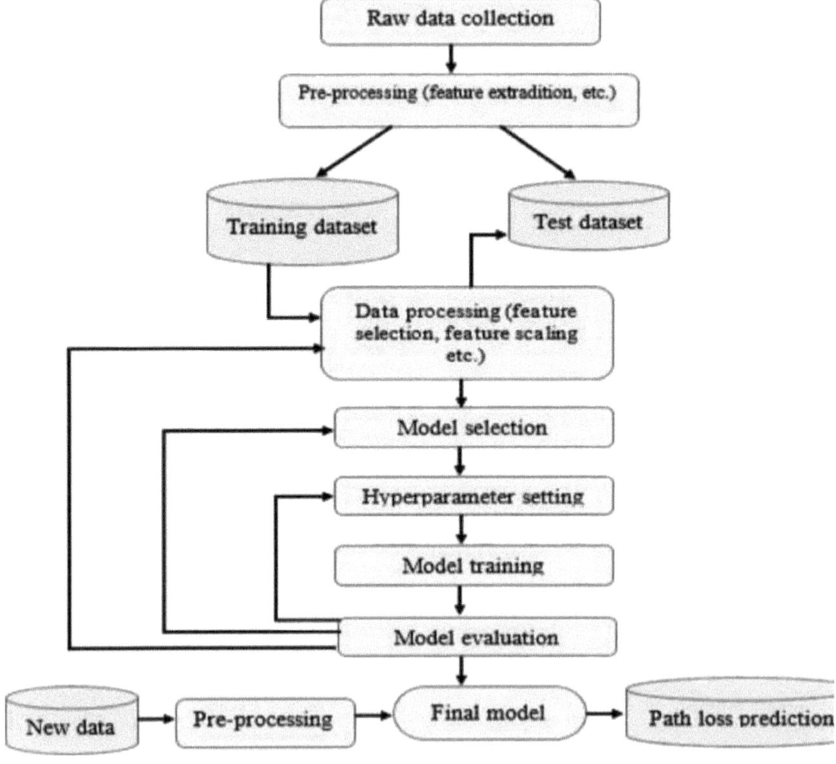

Fig.4.1 Modelos de previsão de aprendizagem automática (Ojo et.al., 2020)

O advento da aprendizagem automática (ML) trouxe avanços significativos a vários campos, incluindo o design eletrónico. As técnicas de ML, alimentadas por algoritmos sofisticados e vastos conjuntos de dados, oferecem novas formas de melhorar os processos de conceção, otimizar o desempenho e resolver problemas complexos. No design de eletrónica, o ML pode ser aplicado para automatizar e aperfeiçoar vários aspectos do design e desenvolvimento, desde a otimização de circuitos à manutenção preditiva.

Esta secção explora as principais técnicas de ML relevantes para o design de eletrónica, incluindo a aprendizagem supervisionada, a aprendizagem não supervisionada, a aprendizagem por reforço e a aprendizagem profunda. Cada uma destas técnicas oferece vantagens e aplicações únicas que respondem a desafios específicos neste domínio.

4.2 Aprendizagem supervisionada:

A Aprendizagem Supervisionada envolve o treino de um modelo em dados rotulados, em que as entradas e as saídas correspondentes são conhecidas. O modelo aprende a mapear as entradas para as saídas e pode fazer previsões ou classificações com base em dados novos e não vistos.

Aplicações em eletrónica

1. **Previsão do desempenho do circuito**

- **Descrição:** Os modelos de aprendizagem supervisionada podem prever o desempenho de circuitos electrónicos com base em parâmetros de conceção e dados históricos.
- **Exemplo:** Prever o consumo de energia ou a integridade do sinal de um layout de PCB com base nas suas especificações de design.
- **Vantagens:** Ajuda os designers a antecipar problemas de desempenho e a otimizar os designs antes da criação de protótipos físicos.

2. **Diagnóstico e deteção de falhas**

- **Descrição:** Os modelos treinados em dados de várias condições de circuito podem identificar e diagnosticar falhas em sistemas electrónicos.
- **Exemplo:** Utilizar a aprendizagem supervisionada para classificar tipos de falhas em dispositivos semicondutores com base em dados de teste.

- **Vantagens:** Aumenta a precisão da deteção de falhas e reduz o tempo de resolução de problemas.

3. **Previsão de falhas de componentes**

- **Descrição:** Previsão da probabilidade de falha de um componente com base em dados operacionais e taxas de falha históricas.
- **Exemplo:** Prever a falha de condensadores ou resistências num circuito para programar a manutenção ou substituições.
- **Vantagens:** Melhora a fiabilidade e a longevidade dos sistemas electrónicos, resolvendo proactivamente as potenciais falhas.

4. **Verificação das regras de conceção (DRC)**

- **Descrição:** Utilização de aprendizagem supervisionada para automatizar a verificação de regras de desenho em esquemas e layouts de PCB.
- **Exemplo:** Identificação de violações das regras de conceção relacionadas com o espaçamento, a largura do traço ou a colocação de componentes.
- **Benefícios:** Automatiza e acelera o processo de verificação, garantindo a conformidade com os padrões de design.

4.3 Aprendizagem não supervisionada:

A aprendizagem não supervisionada envolve o treino de modelos em dados não rotulados, em que o sistema tem de encontrar padrões ou estruturas ocultas sem rótulos predefinidos. Esta técnica é útil para explorar e compreender dados.

Casos de utilização em eletrónica

1. **Deteção de anomalias**

- **Descrição:** Os modelos de aprendizagem não supervisionada podem detetar anomalias ou valores atípicos no desempenho de circuitos ou em dados de fabrico.
- **Exemplo:** Identificação de padrões invulgares na tensão ou corrente de um circuito que possam indicar potenciais problemas.
- **Benefícios:** Permite a deteção precoce de comportamentos inesperados ou defeitos que podem não ser capturados pelos métodos tradicionais.

2. **Agrupamento de componentes de circuitos**

   - **Descrição:** Agrupamento de componentes ou elementos de conceção semelhantes com base nas suas caraterísticas.
   - **Exemplo:** Agrupamento de componentes electrónicos com propriedades térmicas ou caraterísticas eléctricas semelhantes.
   - **Vantagens:** Facilita uma melhor organização e gestão dos componentes, conduzindo a processos de conceção e fabrico mais eficientes.

3. **Redução da dimensionalidade**

   - **Descrição:** Reduzir o número de variáveis num conjunto de dados, preservando a informação essencial.
   - **Exemplo:** Aplicação de técnicas como a análise de componentes principais (PCA) para simplificar a análise de dados de conceção de elevada dimensão.
   - **Vantagens:** Torna os dados complexos mais fáceis de gerir e interpretar, melhorando a capacidade de identificar as principais tendências e padrões.

4. **Exploração do espaço de conceção**

   - **Descrição:** Utilização de aprendizagem não supervisionada para explorar e analisar o espaço de design de sistemas electrónicos.
   - **Exemplo:** Analisar várias configurações de conceção para identificar soluções de conceção óptimas ou compromissos.
   - **Vantagens:** Ajuda a compreender interações de conceção complexas e a descobrir novas alternativas de conceção.

4.4 Aprendizagem por reforço

A aprendizagem por reforço (RL) é um tipo de aprendizagem automática em que um agente aprende a tomar decisões recebendo recompensas ou penalizações com base nas suas acções. É particularmente útil para otimizar processos através de tentativa e erro.

Aplicações na conceção eletrónica

1. **Conceção automatizada de circuitos**
   - **Descrição:** Os algoritmos RL podem automatizar a conceção de circuitos, optimizando os parâmetros de conceção através de testes iterativos e feedback.
   - **Exemplo:** Utilizar a RL para afinar o layout e a colocação de componentes numa PCB para obter as melhores métricas de desempenho.
   - **Vantagens:** Aumenta a eficiência do processo de conceção através da automatização de tarefas de otimização complexas.
2. **Gestão adaptativa dos recursos**
   - **Descrição:** Otimização da atribuição de recursos em sistemas electrónicos, como a gestão de energia ou a regulação térmica.
   - **Exemplo:** Implementação de RL para ajustar dinamicamente o consumo de energia num processador multi-core com base nas exigências da carga de trabalho.
   - **Vantagens:** Melhora a eficiência do sistema e prolonga a vida útil dos componentes electrónicos.
3. **Sistemas de auto-ajuste**
   - **Descrição:** Criação de sistemas capazes de adaptar os seus parâmetros ou configuração em função das condições ambientais ou de alterações operacionais.
   - **Exemplo:** Utilizar a RL para ajustar automaticamente os parâmetros de um circuito de RF para obter uma qualidade de sinal óptima em condições variáveis.
   - **Vantagens:** Melhora o desempenho e a fiabilidade do sistema ao permitir ajustes em tempo real.
4. **Navegação no espaço de conceção**
   - **Descrição:** Explorar e navegar no espaço de design para encontrar soluções óptimas para problemas de design complexos.
   - **Exemplo:** Aplicação de RL para otimizar as soluções de compromisso entre potência, desempenho e área (PPA) em projectos de circuitos integrados.

- **Vantagens:** Fornece uma abordagem mais eficiente para navegar em escolhas e restrições de design complexas.

4.5 Aprendizagem profunda para problemas de conceção complexos

A aprendizagem profunda é um subconjunto da aprendizagem automática que utiliza redes neuronais com várias camadas para modelar padrões e representações complexos.

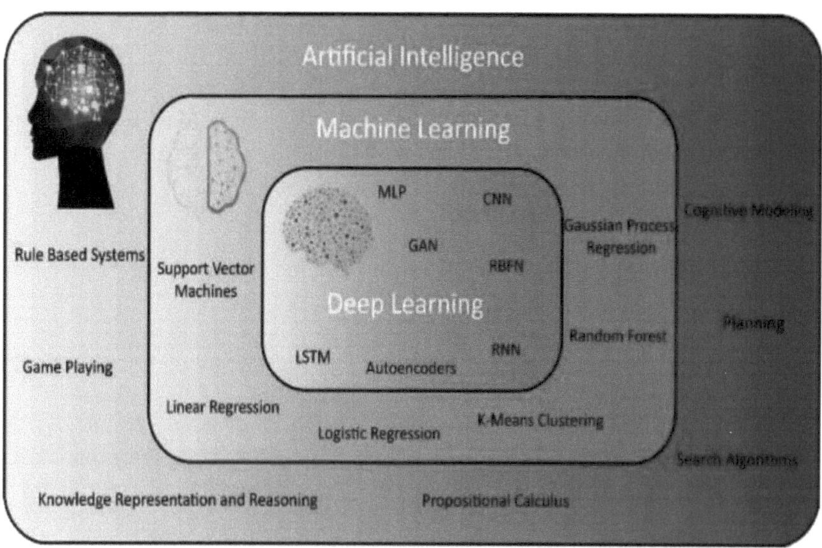

Fig.4.2 Domínios de IA, ML, DL e algoritmos amplamente utilizados (Shanaka Kristombu Baduge et.al., 2022)

É particularmente eficaz no tratamento de grandes volumes de dados e na resolução de problemas de conceção complexos.

Aplicações na conceção eletrónica

1. **Modelação e simulação preditiva**

- **Descrição:** Utilização de modelos de aprendizagem profunda para prever o comportamento de sistemas electrónicos complexos e simular o seu desempenho.
- **Exemplo:** Aplicação de redes neuronais convolucionais (CNN) para modelar o comportamento de circuitos integrados em várias condições de funcionamento.

- **Vantagens:** Fornece previsões e simulações exactas, reduzindo a necessidade de testes físicos extensivos.

2. **Reconhecimento de imagens na inspeção de PCB**

- **Descrição:** Utilização de aprendizagem profunda para inspeção visual de PCBs para detetar defeitos ou anomalias.

- **Exemplo:** Implementação de algoritmos de aprendizagem profunda para inspeção automatizada de juntas de soldadura, colocação de componentes e encaminhamento de traços.

- **Vantagens:** Aumenta a precisão e a eficiência das inspecções de PCB, melhorando o controlo de qualidade global.

3. **Otimização e exploração do design**

- **Descrição:** Aproveitar a aprendizagem profunda para explorar e otimizar espaços de conceção complexos para sistemas electrónicos.

- **Exemplo:** Utilização de redes adversárias generativas (GANs) para gerar configurações de design inovadoras e otimizar a disposição dos circuitos.

- **Benefícios:** Facilita a descoberta de novas soluções de design e optimiza o desempenho através de técnicas de exploração avançadas.

4. **Previsão e diagnóstico de falhas**

- **Descrição:** Aplicação da aprendizagem profunda para prever e diagnosticar falhas em sistemas electrónicos com base em dados operacionais.

- **Exemplo:** Utilização de redes neuronais recorrentes (RNN) para analisar dados de séries temporais de sistemas electrónicos e identificar potenciais padrões de falhas.

- **Vantagens:** Melhora a deteção de falhas e a precisão do diagnóstico, conduzindo a sistemas electrónicos mais fiáveis e robustos.

As técnicas de aprendizagem automática oferecem um potencial transformador para a conceção de produtos electrónicos, desde a melhoria da automatização e da otimização até à resolução de problemas de conceção complexos.

Ao tirar partido da aprendizagem supervisionada, da aprendizagem não supervisionada, da aprendizagem por reforço e da aprendizagem profunda, os engenheiros podem melhorar os processos de conceção, prever o desempenho e inovar as soluções.

A tabela 4.3 mostra a comparação dos algoritmos de aprendizagem automática.

Tabela.4.1 Comparação dos métodos de aprendizagem automática (Ullah, Zakir et.al., 2018)

Base de comparação	**Supervisionado**	**Não supervisionado**	**RL**
Dados de treino	Necessidade de um perito no domínio para rotular os dados	Dados não rotulados	Aprender através da interação com o ambiente
Preferência	Tarefas de rotina (mapeamento de entradas e saídas)	Agrupamento, descoberta de correlação de dados e novos padrões	Inteligência artificial (Aprendizagem comportamental)
Área	Aprendizagem automática	Aprendizagem automática	Aprendizagem automática
Estratégia óptima	Depende dos dados e do algoritmo de aprendizagem	Depende dos dados e da sua classificação	Aprender a melhor estratégia com a experiência
Exploração	Sem exploração	Sem exploração	Adaptável às mudanças através da exploração

medida que as tecnologias de ML continuam a evoluir, a sua integração na conceção eletrónica irá provavelmente impulsionar mais avanços e eficiências no terreno.

CAPÍTULO 5
Algoritmos de IA na automatização do projeto de eletrónica (EDA)

5.1 Algoritmos de otimização e seus tipos

- **Definição:** A otimização em EDA envolve a seleção dos melhores parâmetros ou configurações de conceção que satisfaçam determinadas restrições e objectivos. Isto é fundamental para melhorar as métricas de desempenho como a velocidade, o consumo de energia e a utilização da área.
- **Objetivo:** O objetivo é afinar os projectos para obter um desempenho ótimo, respeitando simultaneamente restrições como os limites de área, os orçamentos de potência e os requisitos de temporização.

Tipos de algoritmos de otimização

- **Otimização baseada em gradientes:**
  - **Descrição:** Utiliza métodos de descida ou subida de gradiente para ajustar iterativamente os parâmetros de conceção na direção que melhora a função objetivo. Este método baseia-se no cálculo de gradientes ou derivadas para orientar o processo de otimização.
  - **Aplicação:** Comum no projeto de circuitos analógicos, em que parâmetros como os valores dos componentes necessitam de um ajuste fino para o desempenho desejado. Também utilizado na otimização da integridade do sinal e das redes de distribuição de energia.
  - **Limitações:** Luta com espaços de conceção complexos e não convexos e pode convergir para óptimos locais em vez de soluções globais. Sensível à escolha das condições iniciais e do tamanho dos passos.
- **Algoritmos Genéticos (AG):**
  - **Descrição:** Imita os processos evolutivos naturais, gerando uma população de potenciais soluções e evoluindo-as através de operações de seleção, cruzamento e mutação.
  - **Aplicação:** Eficaz no encaminhamento e colocação de PCBs e circuitos integrados (ICs), onde o espaço de pesquisa é grande e complexo.
  - **Vantagens:** Capaz de lidar com espaços de conceção grandes e

multidimensionais e evitar óptimos locais. Adaptável a vários tipos de problemas de otimização.

- **Recozimento Simulado:**
  - **Descrição:** Inspirado no processo de recozimento na metalurgia, onde o material é aquecido e gradualmente arrefecido para encontrar um estado de baixa energia. O recozimento simulado utiliza uma abordagem probabilística para explorar soluções e evitar mínimos locais.
  - **Aplicação:** Utilizado em problemas de otimização global, como a colocação de circuitos integrados e o encaminhamento de placas de circuito impresso.
  - **Vantagens:** Proporciona um equilíbrio entre a exploração e o aproveitamento, tornando-o eficaz para problemas de conceção grandes e complexos.
- **Otimização por Enxame de Partículas (PSO):**
  - **Descrição:** Modela o comportamento social de partículas (agentes) que se deslocam através de um espaço de pesquisa para encontrar soluções óptimas. Cada partícula ajusta a sua posição com base na sua própria experiência e na dos seus vizinhos.
  - **Aplicação:** Aplicado na otimização de parâmetros de design para circuitos analógicos e digitais, bem como em tarefas de layout e roteamento.
  - **Vantagens:** Simples de implementar, requer menos parâmetros para ajustar em comparação com os algoritmos genéticos e tem um bom desempenho em espaços multidimensionais.

5.2 Integração da IA na otimização

- **Algoritmos melhorados por IA:**
  - **Função:** As técnicas de IA, como as redes neuronais ou a aprendizagem por reforço, podem ser integradas nos algoritmos de otimização tradicionais para melhorar a sua eficiência e adaptabilidade.
  - **Benefícios:** Aumenta a velocidade de convergência e a qualidade da solução, aprendendo com os dados históricos do projeto e adaptando dinamicamente as estratégias de otimização.

- **Abordagens híbridas:**
  - **Descrição:** Combina os pontos fortes de diferentes técnicas de otimização, tais como a integração de algoritmos genéticos com métodos baseados em gradientes para aproveitar tanto as capacidades de pesquisa global como o refinamento local.
  - **Aplicação:** Eficaz em tarefas de conceção complexas, como a síntese de alto nível, em que é necessário equilibrar vários objectivos e restrições.
  - **Vantagens:** Fornece uma abordagem de otimização abrangente que pode lidar com uma vasta gama de problemas de conceção e melhorar a qualidade geral da solução.

A IA está a emergir como uma tecnologia revolucionária para a atribuição e otimização de recursos de produção.

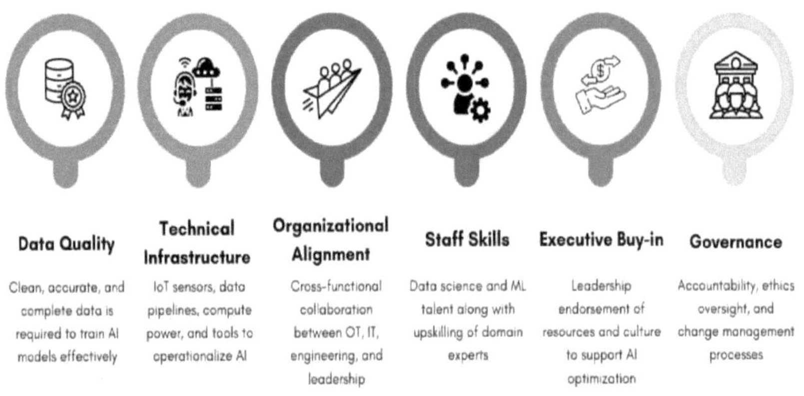

Fig.5.1 Factores de sucesso da otimização da IA (Capella)

5.3 Modelação Preditiva

- **Definição:** A modelação preditiva utiliza métodos estatísticos e de aprendizagem automática para prever o comportamento de concepções electrónicas com base em dados históricos e parâmetros de conceção.

Modelos de aprendizagem automática para previsão

- **Modelos de regressão:**
  - **Descrição:** Estes modelos prevêem resultados contínuos, como o

consumo de energia ou atrasos de tempo, com base em variáveis de entrada, utilizando técnicas como a regressão linear, a regressão polinomial ou a regressão de vectores de apoio.

- **Aplicação:** Utilizado para estimar o desempenho de circuitos e sistemas, permitindo que os projectistas tomem decisões informadas sobre a escolha de componentes e as soluções de compromisso do projeto.
- **Vantagens:** Fornece previsões quantitativas que podem orientar ajustes e optimizações de conceção.

- **Modelos de classificação:**
  - **Descrição:** Classifica os dados em categorias discretas, como a deteção de desenhos defeituosos ou a classificação de diferentes tipos de falhas.
  - **Aplicação:** Aplicado na deteção de falhas durante os ensaios e na classificação de erros de conceção.
  - **Vantagens:** Facilita a identificação e categorização de problemas, melhorando a eficiência dos processos de depuração e verificação.
- **Redes Neuronais:**
  - **Descrição:** Composto por camadas interligadas de nós (neurónios) que aprendem padrões complexos a partir de dados. As redes neuronais podem captar relações complexas entre os parâmetros de conceção e os resultados de desempenho.
  - **Aplicação:** Utilizado para prever métricas de desempenho, como a integridade do sinal e a eficiência energética, com base em parâmetros de projeto e dados históricos.
  - **Vantagens:** Capacidade de modelação de modelos complexos e não lineares

relações e fornecer previsões exactas com base em grandes conjuntos de dados.

5.3 Benefícios da modelação preditiva

- **Ideias iniciais de design:**
  - **Função:** Fornece aos projectistas previsões antecipadas do desempenho do

projeto, permitindo a deteção precoce de potenciais problemas e ajustes antes da prototipagem física.

- **Benefícios:** Reduz o tempo e os custos de desenvolvimento através da identificação e resolução de problemas numa fase inicial do processo de conceção.

- **Tomada de decisões informada:**
  - **Função:** Permite decisões baseadas em dados, fornecendo previsões e recomendações com base em dados históricos e modelos preditivos.
  - **Benefícios:** Aumenta a precisão das decisões de conceção e optimiza os parâmetros de conceção para um melhor desempenho.

5.4 Decisões de conceção baseadas em dados

- **Definição:** A conceção baseada em dados utiliza dados empíricos de simulações, testes e concepções históricas para orientar e informar as decisões de conceção. Baseia-se na análise de dados para otimizar e aperfeiçoar as concepções.
- **Objetivo:** Tomar decisões de conceção com base em dados e provas do mundo real, melhorando a precisão e a eficácia.

Fontes de dados

- **Dados de simulação:**
  - **Descrição:** Dados de simulações de projeto, incluindo métricas de desempenho como integridade do sinal, consumo de energia e análise de temporização.
  - **Aplicação:** Utilizado para aperfeiçoar os parâmetros de conceção e prever os resultados de desempenho antes da implementação física.
  - **Benefícios:** Fornece informações detalhadas sobre o desempenho de um projeto em várias condições.
- **Dados de teste:**
  - **Descrição:** Dados obtidos a partir de ensaios de protótipos, incluindo medições de desempenho, deteção de falhas e modos de falha.
  - **Aplicação:** Fornece dados de desempenho do mundo real que podem ser

usados para validar as previsões do projeto e fazer os ajustes necessários.

- **Benefícios:** Garante que os projectos cumprem as especificações e têm o desempenho esperado em cenários práticos.

- **Dados históricos de projeto:**
  - **Descrição:** Dados de concepções anteriores, incluindo escolhas de conceção, resultados de desempenho e resultados de otimização.
  - **Aplicação:** Ajuda a identificar tendências e a tomar decisões para novas concepções com base em experiências e resultados anteriores.
  - **Benefícios:** Fornece contexto e pontos de referência para novos projectos, melhorando o processo de conceção com base em conhecimentos históricos.

Implementar a conceção baseada em dados

- **Ferramentas de análise de dados:**
  - **Descrição:** Ferramentas e técnicas de análise e visualização de dados, tais como data mining, análise estatística e software de visualização.
  - **Aplicação:** Utilizado para extrair conhecimentos significativos de grandes conjuntos de dados, identificar padrões e orientar decisões de conceção.
  - **Benefícios:** Aumenta a capacidade de compreender e utilizar os dados de forma eficaz para a otimização do design.
- **Integração com a IA:**
  - **Descrição:** Os algoritmos de IA podem analisar grandes conjuntos de dados para identificar padrões e correlações que podem não ser evidentes através da análise tradicional.
  - **Benefícios:** Melhora a tomada de decisões, fornecendo informações e recomendações mais profundas com base numa análise de dados abrangente.
- **Utilização de dados em tempo real:**
  - **Descrição:** Utiliza dados em tempo real de simulações e testes em curso para ajustar dinamicamente os parâmetros de conceção e otimizar o

desempenho.

- **Benefícios:** Permite processos de conceção adaptativos que respondem a condições e requisitos variáveis em tempo real.

5.5 IA na verificação e ensaio

- **Definição:**

A verificação e os testes garantem que os desenhos electrónicos cumprem as especificações e funcionam corretamente. A IA melhora estes processos, melhorando a automatização, a precisão e a eficiência.

Verificação baseada em IA

- **Descrição:** Os algoritmos de IA geram automaticamente casos de teste com base nas especificações e requisitos do projeto. Isto inclui a criação de cenários de teste que abrangem uma vasta gama de condições possíveis.
- **Benefícios:** Aumenta a cobertura dos testes, reduz o esforço manual na criação de testes e garante uma verificação abrangente das especificações do projeto.

- **Verificação das regras de conceção (DRC):**
  - **Descrição:** As ferramentas baseadas em IA efectuam verificações das regras de conceção para garantir a conformidade com as restrições de fabrico e eléctricas. Isto inclui verificar se as disposições do projeto cumprem as regras e normas especificadas.
  - **Benefícios:** Identifica potenciais violações das regras de conceção no início do processo de conceção, reduzindo o risco de problemas de fabrico e melhorando a fiabilidade da conceção.

5.6 Técnicas de teste melhoradas por IA

- **Diagnóstico de falhas e depuração:**
  - **Descrição:** Os algoritmos de IA analisam os resultados dos testes para identificar e diagnosticar falhas ou anomalias em circuitos electrónicos. Isto inclui a identificação da origem dos erros e a apresentação de recomendações para correção.

- **Benefícios:** Acelera o processo de depuração, melhora a precisão da deteção de falhas e aumenta a fiabilidade geral dos designs electrónicos.

- **Manutenção Preditiva:**

  - **Descrição:** A IA utiliza dados históricos e em tempo real para prever potenciais falhas ou necessidades de manutenção. Isto inclui a previsão de quando os componentes são susceptíveis de falhar ou necessitar de manutenção com base em padrões de utilização e dados de desempenho.

  - **Benefícios:** Reduz o tempo de inatividade, prolonga a vida útil dos componentes e melhora a fiabilidade dos sistemas electrónicos.

- **Aceleração da simulação:**

  - **Descrição:** As técnicas de IA aceleram os processos de simulação através da otimização dos parâmetros de simulação e da previsão de resultados com base em dados históricos. Isto inclui a redução dos tempos de simulação e a melhoria da eficiência.

  - **Benefícios:** Permite uma iteração mais rápida no processo de design, reduz os custos de simulação e acelera o tempo de colocação no mercado de novos designs.

5.7 Benefícios da IA na verificação e ensaio

- **Maior precisão:**

  - **Função:** A IA aumenta a precisão dos processos de verificação e teste, melhorando a exatidão da geração de casos de teste, da deteção de falhas e da verificação das regras de conceção.

  - **Benefícios:** Reduz a probabilidade de erros de projeto, melhora a qualidade do projeto e garante que os projectos cumprem as especificações.

- **Ganhos de eficiência:**

  - **Função:** Automatiza tarefas de verificação e teste repetitivas e complexas, aumentando a eficiência e reduzindo o esforço manual.

  - **Benefícios:** Reduz os ciclos de conceção, acelera o tempo de colocação no mercado e melhora a produtividade geral.

- Visão melhorada:

- **Função:** Fornece uma visão mais profunda do desempenho do projeto e de potenciais problemas através de análises e diagnósticos avançados.
- **Benefícios:** Melhora a capacidade de enfrentar desafios de conceção, otimizar o desempenho e melhorar a qualidade geral dos sistemas electrónicos.

Tirando partido dos algoritmos de otimização, da modelação preditiva, das decisões de conceção baseadas em dados e da verificação e teste melhorados por IA, os engenheiros podem obter concepções electrónicas mais eficientes, precisas e inovadoras. A integração da IA na EDA não só melhora os processos de conceção tradicionais, como também abre caminho a futuros desenvolvimentos e melhorias nos sistemas electrónicos.

CAPÍTULO 6
Aplicações práticas do ML no projeto de eletrónica

A aprendizagem automática (ML) está a ser cada vez mais aplicada em vários aspectos do design de eletrónica para melhorar a eficiência, a precisão e a inovação. Esta secção apresenta uma exploração detalhada do modo como a aprendizagem automática é utilizada em aplicações práticas no domínio da conceção de eletrónica, incluindo a disposição e o encaminhamento automatizados, a análise da integridade do sinal, a otimização da potência e a gestão térmica.

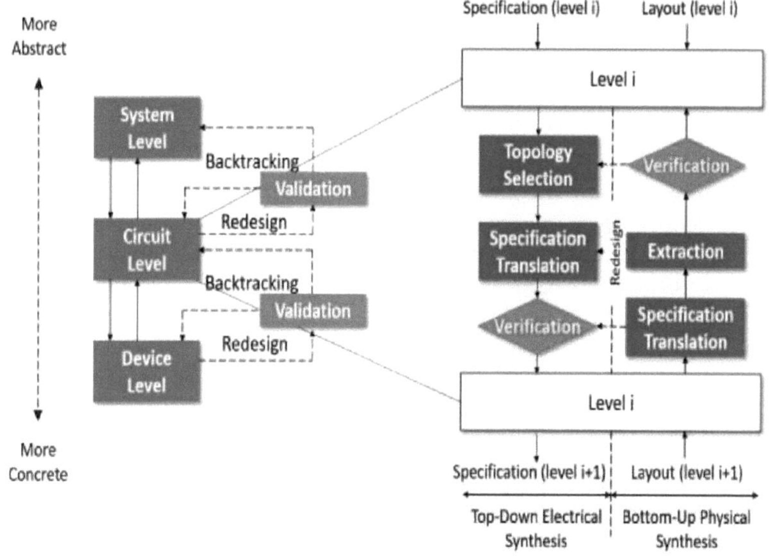

Fig.6.1 Níveis hierárquicos do fluxo de conceção analógica utilizando a aprendizagem automática (G.Huang et al.2021)

A Figura 6.1 mostra os níveis hierárquicos do fluxo de conceção analógica utilizando a aprendizagem automática. Os investigadores têm tentado utilizar métodos de aprendizagem automática para acelerar o processo de conceção. Alguns investigadores lidam com o problema da seleção de topologias, selecionando a topologia mais adequada de entre várias candidatas disponíveis.

6.1 Layout e roteamento automatizados

- **Definição:** A disposição e o encaminhamento automatizados envolvem a colocação automática de componentes electrónicos e o encaminhamento de ligações entre eles numa placa de circuitos impressos (PCB) ou num circuito integrado (IC). Os algoritmos de ML são utilizados para otimizar estes processos, melhorando a eficiência e o desempenho do design.

Técnicas de ML para a disposição e a distribuição

- **Aprendizagem por reforço:**
  - **Descrição:** Os algoritmos de aprendizagem por reforço optimizam a disposição e o encaminhamento, aprendendo com as interações com o ambiente de conceção. Estes algoritmos utilizam a tentativa e erro para descobrir estratégias óptimas de colocação e encaminhamento.
  - **Aplicação:** Aplicado no design de PCB para automatizar a colocação de componentes e o encaminhamento de traços, minimizando a interferência de sinais e optimizando a utilização do espaço.
- **Redes Neuronais:**
  - **Descrição:** As redes neuronais, em particular as redes neuronais convolucionais (CNN), podem analisar padrões de design e prever a colocação óptima de componentes e caminhos de encaminhamento com base em dados históricos.
  - **Aplicação:** Utilizado para prever e sugerir layouts eficientes e soluções de encaminhamento, reduzindo a intervenção manual e o tempo de projeto.
- **Algoritmos genéticos:**
  - **Descrição:** Os algoritmos genéticos simulam processos evolutivos para explorar e otimizar as configurações de design. Geram e desenvolvem múltiplas soluções de conceção para encontrar a disposição e o encaminhamento mais eficazes.
  - **Aplicação:** Eficaz para problemas de encaminhamento complexos, como PCBs de várias camadas ou projectos de IC densos, onde os métodos tradicionais podem ser insuficientes.

Benefícios

- **Eficiência:** Automatiza as tarefas repetitivas e demoradas de disposição e encaminhamento, acelerando o processo de conceção.
- **Otimização:** Melhora o desempenho do projeto otimizando a colocação e o roteamento de componentes para minimizar a interferência de sinais e maximizar a utilização do espaço.
- **Redução de erros:** Reduz a probabilidade de erros e conflitos de design, garantindo que o layout e o roteamento estejam em conformidade com as regras e restrições do design.

6.2 Análise da integridade do sinal

- **Definição:** A análise da integridade do sinal envolve a avaliação e a garantia de que os sinais eléctricos num circuito ou placa de circuito impresso mantêm a sua qualidade e integridade à medida que se propagam. As técnicas de ML são utilizadas para prever e resolver potenciais problemas de integridade do sinal.

Técnicas de ML para a integridade do sinal

- **Modelos preditivos:**
  - **Descrição:** Os modelos ML podem prever problemas de integridade de sinal com base em parâmetros de projeto, dados históricos e resultados de simulação. Estes modelos identificam potenciais problemas como a degradação do sinal, a diafonia e o ruído.
  - **Aplicação:** Usado para antecipar problemas de integridade de sinal no início do processo de design, permitindo ajustes e optimizações antes da implementação física.
- **Deteção de anomalias:**
  - **Descrição:** Os algoritmos de deteção de anomalias identificam padrões invulgares ou desvios no comportamento do sinal que podem indicar potenciais problemas de integridade.
  - **Aplicação:** Aplicado para analisar dados de sinal e detetar anomalias que possam afetar o desempenho, tais como ruído inesperado ou distorções de sinal.

- **Extração de caraterísticas:**
  - **Descrição:** Os algoritmos de ML extraem e analisam caraterísticas dos dados do sinal para avaliar a integridade e prever potenciais problemas. Técnicas como a análise de componentes principais (PCA) podem ser utilizadas para identificar factores-chave que afectam a qualidade do sinal.
  - **Aplicação:** Ajuda a identificar parâmetros críticos e caraterísticas que influenciam a integridade do sinal, orientando melhorias e optimizações do design.

Benefícios

- **Deteção precoce:** Identifica precocemente potenciais problemas de integridade do sinal, reduzindo o risco de falhas de conceção e melhorando a fiabilidade.
- **Otimização:** Fornece informações para otimizar o encaminhamento do sinal e a colocação de componentes para melhorar a qualidade do sinal.
- **Eficiência:** Reduz a necessidade de análises e testes manuais extensivos, automatizando as avaliações de integridade do sinal.

6.3 Otimização de energia

- **Definição:** A otimização da energia envolve a minimização do consumo de energia em projectos electrónicos, mantendo o desempenho e a funcionalidade. As técnicas de ML são aplicadas para analisar e otimizar a utilização de energia em vários componentes e sistemas.

Técnicas de ML para otimização da potência

- **Previsão do consumo de energia:**
  - **Descrição:** Os modelos ML prevêem o consumo de energia de projectos electrónicos com base em parâmetros de projeto e padrões de utilização. Estes modelos podem prever o consumo de energia em diferentes condições de funcionamento.
  - **Aplicação:** Utilizado para avaliar e otimizar o consumo de energia durante a fase de conceção, assegurando que os orçamentos de energia são cumpridos e que a eficiência é maximizada.

- **Escalonamento dinâmico de tensão e frequência (DVFS):**
  - **Descrição:** Os algoritmos de ML ajustam os níveis de tensão e frequência em tempo real para equilibrar o consumo de energia e o desempenho. Estes algoritmos aprendem com os dados operacionais para otimizar a gestão da energia.
  - **Aplicação:** Aplicado em processadores e sistemas digitais para ajustar dinamicamente os níveis de energia com base nas exigências da carga de trabalho, reduzindo o consumo geral de energia.
- **Conceção com consciência energética:**
  - **Descrição:** Integra técnicas de otimização de energia no processo de design, utilizando ML para identificar e mitigar componentes e circuitos que consomem muita energia.
  - **Aplicação:** Ajuda os designers a criar designs eficientes em termos de energia, optimizando a seleção de componentes e a disposição com base em dados de consumo de energia.

Benefícios

- **Consumo de energia reduzido:** Optimiza a utilização de energia para cumprir os objectivos de eficiência e prolongar a vida útil da bateria em dispositivos portáteis.
- **Desempenho melhorado:** Equilibra o consumo de energia e o desempenho para obter um funcionamento ótimo sem utilização excessiva de energia.
- **Poupança de custos:** Reduz os custos relacionados com a energia e melhora a eficiência global dos sistemas electrónicos.

6.4 Gestão térmica

- **Definição:** A gestão térmica envolve o controlo e a dissipação do calor gerado pelos componentes electrónicos para evitar o sobreaquecimento e garantir um funcionamento fiável. As técnicas de ML são utilizadas para prever e gerir o comportamento térmico em projectos electrónicos.

Técnicas de ML para gestão térmica

- **Simulação e previsão térmica:**
  - **Descrição:** Os modelos ML prevêem o comportamento térmico de designs electrónicos com base em parâmetros de design, propriedades de materiais e condições de funcionamento. Estes modelos simulam a distribuição de calor e identificam potenciais pontos críticos.
  - **Aplicação:** Utilizado para otimizar o design térmico, garantindo uma dissipação de calor eficaz e evitando o sobreaquecimento.
- **Sistemas de arrefecimento adaptativos:**
  - **Descrição:** Os algoritmos de ML controlam sistemas de arrefecimento adaptativos que ajustam os mecanismos de arrefecimento com base em dados de temperatura e condições de funcionamento em tempo real.
  - **Aplicação:** Aplicado em sistemas com necessidades de arrefecimento variáveis, tais como computação de alto desempenho e eletrónica com cargas de trabalho flutuantes.
- **Perfilagem térmica:**
  - **Descrição:** As técnicas de ML analisam perfis e dados térmicos para identificar padrões e correlações que afectam o desempenho térmico.

    Isto inclui a previsão de como as alterações de conceção afectam o comportamento térmico.
  - **Aplicação:** Ajuda os projectistas a tomar decisões informadas sobre estratégias de gestão térmica e soluções de arrefecimento.

Benefícios

- **Fiabilidade melhorada:** Evita o sobreaquecimento e as falhas relacionadas com a temperatura, optimizando a gestão térmica.
- **Desempenho melhorado:** Assegura que os componentes electrónicos funcionam dentro de limites de temperatura seguros, mantendo o desempenho e a estabilidade.
- **Eficiência de custos:** Reduz a necessidade de testes físicos extensivos e prototipagem através da utilização de modelos preditivos para a gestão térmica.

A aplicação da aprendizagem automática no design de eletrónica oferece avanços significativos em vários domínios. A disposição e o encaminhamento automatizados beneficiam da capacidade do ML para otimizar as configurações de design de forma eficiente, enquanto a análise da integridade do sinal utiliza modelos preditivos e deteção de anomalias para garantir uma transmissão de sinal de alta qualidade.

As técnicas de otimização de energia utilizam o ML para equilibrar o consumo de energia e o desempenho, enquanto as aplicações de gestão térmica se centram na previsão e controlo da dissipação de calor. Estas aplicações práticas de ML no design de eletrónica aumentam a eficiência, o desempenho e a fiabilidade do design, impulsionando a inovação e melhorando os processos gerais de design.

CAPÍTULO 7
Desafios e soluções na aplicação da IA/ML à conceção de eletrónica

7.1 Desafios e soluções de dados

Qualidade e disponibilidade dos dados

- **Desafio:**

  Dados abrangentes e de alta qualidade são essenciais para treinar modelos ML eficazes. Na conceção de eletrónica, os dados podem ser incompletos, ruidosos ou limitados, o que pode levar a previsões imprecisas e modelos pouco fiáveis.

- **Teoria e soluções:**

  - **Aumento de dados:**

    - **Teoria:** O aumento de dados envolve a criação de novas amostras de dados

      dos existentes, aplicando transformações como rotações, escalonamentos ou distorções. Isto ajuda a enriquecer o conjunto de dados e a melhorar a generalização dos modelos de ML.

    - **Aplicação:** Para a conceção de eletrónica, podem ser gerados dados simulados ou concepções sintéticas para complementar os dados do mundo real, aumentando assim a robustez do modelo e reduzindo o sobreajuste.

  - **Limpeza e pré-processamento de dados:**

    Teoria: A limpeza de dados envolve a remoção ou correção de entradas de dados erradas, enquanto o pré-processamento prepara os dados para análise, normalizando-os ou escalando-os. Isto é essencial para garantir que os modelos de ML são treinados com dados exactos e normalizados.

    - **Aplicação:** A implementação de algoritmos para detetar e corrigir anomalias, tratar valores em falta e normalizar formatos de dados pode melhorar a qualidade dos dados e a precisão do modelo.

- **Aprendizagem por transferência:**
  - **Teoria:** A aprendizagem por transferência envolve o aproveitamento de um modelo pré-treinado

    de um domínio semelhante e adaptá-lo a uma tarefa nova mas relacionada. Isto pode ser particularmente útil quando a nova tarefa tem dados limitados.
  - **Aplicação:** Modelos pré-treinados em tarefas genéricas de conceção eletrónica

    podem ser ajustados para tarefas específicas, reduzindo a necessidade de grandes quantidades de dados específicos de cada tarefa.

Privacidade e segurança dos dados

- **Desafio:**

  Os dados de design eletrónico contêm frequentemente informações confidenciais. Garantir a privacidade e a segurança dos dados durante a aplicação do ML é crucial para proteger a propriedade intelectual e as informações sensíveis.

- **Teoria e soluções:**
  - **Encriptação de dados:**
    - **Teoria:** A encriptação transforma os dados num formato seguro que só pode ser lido ou processado por pessoas autorizadas. Isto é essencial para proteger os dados durante o armazenamento e a transmissão.
    - **Aplicação:** Utilizar algoritmos criptográficos para encriptar dados de conceção eletrónica e protegê-los contra o acesso não autorizado.
  - **Anonimização:**
    - **Teoria:** A anonimização envolve a remoção ou ofuscação de informações pessoalmente identificáveis de conjuntos de dados, preservando o valor analítico dos dados.

Aplicação: Aplicar técnicas como o mascaramento de dados ou a pseudonimização para garantir que as informações de design exclusivas permanecem confidenciais e continuam a ser úteis para a análise de ML.

Integração de dados

- **Desafio:**

A integração de dados de várias fontes, incluindo simulações, ensaios físicos e registos históricos, pode ser complexa devido às diferenças de formatos e estruturas.

- **Teoria e soluções:**

  - **Estruturas de integração de dados:**

    - **Teoria:** As estruturas e ferramentas de integração de dados facilitam a unificação de dados de várias fontes através da normalização de formatos e da fusão de conjuntos de dados numa estrutura coesa.

    - **Aplicação:** Implementar processos ETL (Extract, Transform, Load) para otimizar a integração de dados, assegurando a compatibilidade e consistência entre diferentes fontes de dados.

  - **Técnicas de fusão de dados:**

    - **Teoria:** A fusão de dados envolve a combinação de dados de diversas fontes para produzir conhecimentos mais exactos e abrangentes. Pode melhorar a tomada de decisões, tirando partido dos pontos fortes de cada fonte de dados.

      - **Aplicação:** Utilizar algoritmos para fusão de dados multi-sensor ou aprendizagem multi-vista para integrar e analisar dados de simulações, testes e registos históricos.

7.2 Treino e validação do modelo

Precisão do modelo e sobreajuste

- **Desafio:**

Os modelos ML podem ter um bom desempenho nos dados de treino, mas não conseguem generalizar para dados novos e não vistos, o que resulta em sobreajuste. Isto ocorre quando um modelo aprende o ruído e os pormenores específicos dos dados de treino em vez de captar os padrões subjacentes.

- **Teoria e soluções:**
    - **Validação cruzada:**
        - **Teoria:** A validação cruzada envolve a divisão do conjunto de dados em várias dobras e o treino do modelo em diferentes combinações dessas dobras. Isto ajuda a avaliar o desempenho do modelo em vários subconjuntos de dados.
        - **Aplicação:** Utilizar a validação cruzada k-fold para avaliar o desempenho do modelo e garantir que este se generaliza bem em diferentes subconjuntos de dados.
    - **Regularização:**
        - **Teoria:** As técnicas de regularização adicionam uma penalização à complexidade do modelo para evitar o sobreajuste. A regularização L1 (Lasso) e L2 (Ridge) são métodos comuns que restringem os pesos do modelo.
        - **Aplicação:** Aplicar técnicas de regularização durante o treino do modelo para controlar a complexidade e melhorar a generalização.

Métodos de conjunto:

- **Teoria:** Os métodos de conjunto combinam previsões de vários modelos para melhorar a exatidão e a robustez. Técnicas como bagging, boosting e stacking podem melhorar o desempenho através da agregação de diversos modelos.
- **Aplicação:** Implementar técnicas de conjunto para combinar previsões de diferentes modelos, reduzindo a probabilidade de sobreajuste e melhorando o desempenho geral.

Interpretabilidade do modelo

- **Desafio:**

Muitos modelos de ML, especialmente os modelos de aprendizagem profunda, são considerados "caixas negras" com interpretabilidade limitada. Compreender como um modelo toma decisões pode ser um desafio, o que afecta a confiança e a usabilidade.

- **Teoria e soluções:**
  - **IA explicável (XAI):**
    - **Teoria:** A IA explicável centra-se na criação de modelos e técnicas que fornecem informações sobre a forma como as decisões são tomadas. Isto inclui técnicas para visualizar e interpretar o comportamento do modelo.
    - **Aplicação:** Implementar métodos como os valores SHAP (SHapley Additive exPlanations) ou LIME (Local Interpretable Model-agnostic Explanations) para explicar as previsões dos modelos e aumentar a transparência.
  - **Análise da importância das caraterísticas:**
    - **Teoria:** A análise da importância das caraterísticas avalia a influência das diferentes caraterísticas nas previsões do modelo. A compreensão da importância das caraterísticas ajuda a interpretar e a validar o comportamento do modelo.
    - **Aplicação:** Utilizar técnicas para avaliar a importância das caraterísticas e identificar quais as caraterísticas que têm um impacto mais significativo nos resultados do modelo.

Recursos informáticos

- **Desafio:**

  O treino de modelos complexos de ML pode consumir muitos recursos, exigindo uma grande capacidade de processamento e memória. Isto pode ser uma limitação, especialmente para aplicações em grande escala ou em tempo real.

- **Teoria e soluções:**
  - **Computação em nuvem:**
    - **Teoria:** A computação em nuvem fornece recursos de computação escaláveis e a pedido, permitindo a formação e a implantação eficientes de modelos sem a necessidade de uma infraestrutura extensiva no local.
    - **Aplicação:** Utilizar plataformas de nuvem como AWS, Google

Cloud ou Azure para ambientes de formação escaláveis e gestão de recursos.

- **Otimização do modelo:**
  - **Teoria:** As técnicas de otimização de modelos visam reduzir a carga computacional, mantendo o desempenho. Isto inclui técnicas como a poda de modelos, a quantização e a destilação de conhecimentos.
  - **Aplicação:** Aplicar técnicas de otimização para simplificar os modelos e reduzir os requisitos de recursos, tornando-os mais eficientes para a implementação.

7.3 Problemas de escalabilidade e desempenho

Escalabilidade dos modelos

- **Desafio:**

  À medida que os designs electrónicos se tornam maiores e mais complexos, os modelos de ML têm de ser dimensionados para lidar com volumes de dados e complexidades de design cada vez maiores.

- **Teoria e soluções:**
  - **Algoritmos escaláveis:**
    - **Teoria:** Os algoritmos escaláveis são concebidos para tratar dados em grande escala e tarefas complexas de forma eficiente. Incorporam frequentemente técnicas de computação distribuída e processamento paralelo.
    - **Aplicação:** Implementar algoritmos ML escaláveis que possam gerir a complexidade acrescida de grandes concepções sem sacrificar o desempenho.
  - **Computação distribuída:**
    - **Teoria:** A computação distribuída envolve a divisão de tarefas entre várias unidades de computação ou nós para processar grandes conjuntos de dados e efetuar cálculos complexos de forma mais eficiente.

- Aplicação: Utilizar estruturas de computação distribuída como o Apache Spark ou o TensorFlow Distributed para lidar com dados em grande escala e formação de modelos.

Otimização do desempenho

- **Desafio:**

Nas aplicações que exigem um desempenho em tempo real, como a conceção ou verificação automatizadas, os modelos devem fornecer previsões e decisões atempadas.

- **Teoria e soluções:**

    - **Técnicas de otimização de modelos:**

        - **Teoria:** As técnicas de otimização visam reduzir os tempos de inferência e as exigências computacionais. As técnicas incluem aceleração de hardware, melhorias algorítmicas e simplificações de modelos.

        - **Aplicação:** Otimizar modelos para uma inferência mais rápida, tirando partido de aceleradores de hardware (por exemplo, GPUs, TPUs) e aplicando optimizações algorítmicas para melhorar o desempenho.

    - **Computação aproximada:**

        - **Teoria:** A computação aproximada envolve a utilização de técnicas que fornecem resultados aproximados para obter um processamento mais rápido. Isto é útil em cenários em que a precisão exacta não é crítica.

        - **Aplicação:** Implementar estratégias de computação aproximada para reduzir a carga computacional, mantendo níveis de desempenho aceitáveis.

7.4 Abordar a complexidade do design

Manuseamento de espaços de design complexos

- **Desafio:**

Os projectos electrónicos envolvem frequentemente espaços de elevada dimensão com inúmeros parâmetros e restrições. Navegar e otimizar estes espaços complexos pode ser um desafio para os modelos ML.

- **Teoria e soluções:**
  - **Redução da dimensionalidade:**
    - **Teoria:** As técnicas de redução da dimensionalidade simplificam os dados de elevada dimensão, projectando-os em espaços de dimensão inferior, preservando as caraterísticas essenciais.
    - **Aplicação:** Utilizar técnicas como a PCA (Análise de Componentes Principais) para reduzir a complexidade dos espaços de conceção, facilitando o tratamento e a análise dos modelos de ML.
  - **Seleção de caraterísticas:**
    - **Teoria:** A seleção de caraterísticas consiste em identificar e utilizar apenas as caraterísticas mais relevantes para o treino do modelo, reduzindo a dimensionalidade e concentrando-se nos aspectos críticos.
    - **Aplicação:** Implementar métodos de seleção de caraterísticas para identificar os principais parâmetros que influenciam os resultados do projeto, melhorando o desempenho e a interpretabilidade do modelo.
  - **Modelação hierárquica:**
    - **Teoria:** A modelação hierárquica divide problemas complexos em subproblemas mais pequenos e mais fáceis de gerir. Esta abordagem permite uma análise e otimização mais eficazes.
    - **Aplicação:** Aplicar técnicas de modelação hierárquica para lidar com diferentes níveis de complexidade de conceção, permitindo uma análise mais granular e gerível.

Integração com ferramentas de desenho existentes

- **Desafio:**

A integração de soluções de AM com as ferramentas de automatização de conceção eletrónica (EDA) existentes pode ser um desafio, especialmente se estas ferramentas não tiverem sido concebidas para acomodar abordagens baseadas em AM.

- **Teoria e soluções:**
  - **Desenvolvimento de API e de interfaces:**
    - **Teoria:** As API (Interfaces de Programação de Aplicações) e as interfaces facilitam a comunicação e a integração entre diferentes sistemas de software, permitindo uma interação perfeita entre os modelos de ML e as ferramentas de EDA.
    - **Aplicação:** Desenvolver API ou plugins que permitam a interação de modelos de ML com ferramentas EDA existentes, integrando capacidades de ML em fluxos de trabalho de conceção estabelecidos.
  - **Desenvolvimento de ferramentas personalizadas:**
    - **Teoria:** Podem ser desenvolvidas ferramentas personalizadas ou plugins para colmatar as lacunas entre os modelos de ML e as ferramentas de conceção tradicionais, fornecendo soluções à medida para necessidades de integração específicas.
    - **Aplicação:** Criar ferramentas ou extensões personalizadas que facilitem a incorporação de técnicas de ML em ambientes EDA existentes, melhorando a eficiência do fluxo de trabalho.

Evolução dos requisitos de conceção

- **Desafio:**

Os requisitos e especificações do projeto evoluem frequentemente ao longo do processo de conceção. As soluções de ML devem ser adaptáveis para acomodar estas alterações de forma eficaz.

- **Teoria e soluções:**
  - **Aprendizagem adaptativa:**
    - **Teoria:** As técnicas de aprendizagem adaptativa permitem que os modelos actualizem e aperfeiçoem os seus conhecimentos com

base em novos dados e requisitos em evolução, garantindo uma melhoria e relevância contínuas.

- **Aplicação:** Implementar abordagens de aprendizagem adaptativa que permitam aos modelos ajustarem-se às alterações dos requisitos de conceção e manterem a precisão ao longo do tempo.

- **Formação incremental:**
  - **Teoria:** A formação incremental consiste em atualizar os modelos com novos dados sem voltar a treinar a partir do zero. Esta abordagem ajuda a acomodar eficazmente a evolução dos requisitos.
  - **Aplicação:** Utilize métodos de formação incrementais para atualizar continuamente os modelos de ML com novos dados de design, garantindo que se mantêm actualizados com as necessidades de design em evolução.

Esta exploração pormenorizada fornece uma perspetiva teórica e prática dos desafios e soluções associados à aplicação da IA e do ML à conceção de produtos electrónicos. A resolução eficaz destes desafios pode melhorar a integração e o impacto das tecnologias de IA/ML neste domínio.

CAPÍTULO 8
Estudos de caso e exemplos do mundo real

Esta secção explora a forma como a IA e a aprendizagem automática (ML) são aplicadas em várias indústrias, fornecendo informações através de estudos de caso e exemplos do mundo real. Cada subsecção centra-se numa indústria específica - eletrónica de consumo, eletrónica automóvel, aeroespacial e defesa, e cuidados de saúde e dispositivos médicos - destacando o impacto da IA e do ML no design, otimização e inovação.

8.1 IA na conceção de produtos electrónicos de consumo

8.1.1 Estudo de caso: Design de smartphones baseado em IA

Empresa: Apple Inc.

Aplicação: IA no melhoramento de câmaras

Detalhes: A Apple Inc. integrou algoritmos avançados de IA nas câmaras dos seus smartphones para melhorar as capacidades fotográficas e a experiência do utilizador. A abordagem da empresa à IA na tecnologia das câmaras envolve vários componentes fundamentais:

- **Modo noturno:** Utiliza IA para melhorar a fotografia com pouca luz. Ao combinar várias exposições e utilizar redes neuronais para analisar os dados da imagem, o Modo Noturno da Apple reduz o ruído e melhora os detalhes em condições de pouca luz.
    - **Técnicas de IA utilizadas:** As Redes Neuronais Convolucionais (CNN) são utilizadas para analisar e melhorar os detalhes da imagem. O modelo aprende a reconhecer padrões em imagens com pouca luz e aplica as melhorias adequadas.

- **Deep Fusion:** Analisa cada pixel para melhorar a textura e o detalhe das fotografias. O sistema tira várias fotografias e utiliza algoritmos de ML para selecionar os melhores elementos de cada imagem, fundindo-os numa única fotografia de alta qualidade.
    - **Técnicas de IA utilizadas:** Os modelos de aprendizagem profunda processam as imagens ao nível dos píxeis, identificando e fundindo as

melhores caraterísticas para melhorar a qualidade geral da imagem.

- **Fotografia computacional:** Os algoritmos baseados em IA processam e combinam dados de imagem de várias fontes para criar fotografias com maior nitidez, precisão de cor e profundidade.
    - **Técnicas de IA utilizadas:** As redes adversariais generativas (GAN) e os autoencoders melhoram as imagens aprendendo com grandes conjuntos de dados e gerando resultados de alta qualidade.

Impacto:

- **Experiência de utilizador melhorada:** A qualidade de imagem melhorada, especialmente em condições de iluminação difíceis, estabeleceu novos padrões na fotografia com smartphone.
- **Aumento da adoção:** As caraterísticas avançadas da câmara atraem os consumidores e diferenciam os dispositivos da Apple num mercado competitivo.

8.1.2 Estudo de caso: IA em dispositivos de saúde portáteis

Empresa: Fitbit Inc.

Aplicação: Monitorização da saúde e conhecimentos personalizados

Detalhes: A Fitbit integra IA e ML para analisar os dados recolhidos dos seus dispositivos de saúde wearable. Esta aplicação centra-se em fornecer aos utilizadores informações de saúde acionáveis e recomendações personalizadas.

- **Monitorização do ritmo cardíaco:** Os algoritmos de IA analisam os dados do ritmo cardíaco para detetar irregularidades e fornecer aos utilizadores informações sobre a sua saúde cardiovascular.
    - **Técnicas de IA utilizadas:** A análise de séries temporais e a deteção de anomalias ajudam a identificar padrões invulgares de ritmo cardíaco e potenciais problemas de saúde.
- **Monitorização do sono:** Os modelos ML analisam os padrões de sono para fornecer aos utilizadores informações sobre a qualidade do sono e recomendar melhorias.
    - **Técnicas de IA utilizadas:** Os algoritmos de modelação preditiva e de agrupamento agrupam os dados do sono para identificar padrões e

oferecer conselhos personalizados.

- **Acompanhamento da atividade:** Os algoritmos de IA avaliam os níveis de atividade física e fornecem recomendações de fitness personalizadas com base nos dados do utilizador.
  - **Técnicas de IA utilizadas:** Os modelos de aprendizagem supervisionada prevêem padrões de atividade futuros e recomendam treinos personalizados.

Impacto:

- **Resultados de saúde melhorados:** As recomendações personalizadas ajudam os utilizadores a tomar decisões informadas sobre a sua saúde e condição física.
- **Maior envolvimento do utilizador:** O feedback e as informações contínuas incentivam os utilizadores a manterem-se activos e a monitorizarem a sua saúde mais de perto.

8.1.3 Estudo de caso: IA em electrodomésticos inteligentes

Empresa: LG Electronics

Aplicação: Electrodomésticos alimentados por IA

Detalhes: A LG Electronics incorporou a IA na sua gama de electrodomésticos inteligentes, melhorando a sua funcionalidade e interação com o utilizador.

- **Frigoríficos inteligentes:** Os algoritmos de IA gerem o inventário de alimentos e sugerem receitas com base nos ingredientes disponíveis. Também optimizam a eficiência do arrefecimento.
  - **Técnicas de IA utilizadas:** O reconhecimento de imagens e a PNL são utilizados para identificar produtos alimentares e gerar sugestões de receitas. A aprendizagem por reforço optimiza o consumo de energia com base em padrões de utilização.
- **Máquinas de lavar roupa inteligentes:** A IA ajusta os ciclos de lavagem com base no tipo de tecido e no nível de sujidade, garantindo uma limpeza óptima.
  - **Técnicas de IA utilizadas:** Os algoritmos de aprendizagem automática analisam as entradas do utilizador e os dados dos sensores para selecionar o melhor programa de lavagem.

- **Aparelhos de ar condicionado inteligentes:** A IA aprende as preferências do utilizador e ajusta as definições de arrefecimento para otimizar o conforto e a utilização de energia.
    - **Técnicas de IA utilizadas:** A análise preditiva e a modelação do comportamento do utilizador são utilizadas para ajustar as definições de forma dinâmica.

Impacto:

- **Maior eficiência:** Os electrodomésticos funcionam de forma mais eficiente, reduzindo o consumo de energia e os custos operacionais.

- **Maior comodidade:** As funcionalidades inteligentes tornam a gestão doméstica mais fácil e intuitiva para os utilizadores.

8.2 Eletrónica automóvel

8.2.1 Estudo de caso: IA em veículos autónomos

Empresa: Waymo (Alphabet Inc.)

Aplicação: Tecnologia de condução autónoma

Detalhes: A tecnologia de condução autónoma da Waymo utiliza IA e ML para permitir capacidades de condução autónoma nos seus veículos. O sistema integra vários sensores e algoritmos para uma autonomia abrangente do veículo.

- **Perceção:** A IA processa dados de câmaras, lidar e radar para detetar e reconhecer objectos como peões, veículos e sinais de trânsito.
    - **Técnicas de IA utilizadas:** Os algoritmos de aprendizagem profunda, incluindo as CNN, são utilizados para a deteção e classificação de objectos. As técnicas de fusão de sensores combinam dados de várias fontes.
- **Tomada de decisões:** Os modelos ML avaliam o ambiente de condução e tomam decisões em tempo real sobre a navegação e a prevenção de obstáculos.
    - **Técnicas de IA utilizadas:** Os algoritmos de aprendizagem por reforço simulam vários cenários de condução para melhorar as políticas de tomada de decisão.
- **Controlo:** Os algoritmos de IA traduzem as decisões em acções de condução,

como a direção, a aceleração e a travagem.

  - **Técnicas de IA utilizadas:** Os sistemas de controlo utilizam técnicas de modelação e otimização preditivas para garantir um funcionamento seguro e sem problemas do veículo.

Impacto:

- **Segurança reforçada:** A melhoria dos sistemas de tomada de decisão e de perceção reduz o risco de acidentes.
- **Aumento da eficiência:** Os veículos autónomos optimizam as rotas e os padrões de condução, reduzindo potencialmente o congestionamento do tráfego.

8.2.2 Estudo de caso: IA na manutenção preditiva

Empresa: Tesla Inc.

Aplicação: Manutenção Preditiva para Veículos Eléctricos

Detalhes: A Tesla utiliza a IA para prever as necessidades de manutenção e identificar potenciais problemas nos seus veículos eléctricos antes de se tornarem críticos.

- **Recolha de dados:** A Tesla recolhe dados de vários sensores do veículo, incluindo o estado da bateria, o desempenho do motor e os padrões de utilização.
  - **Técnicas de IA utilizadas:** Os algoritmos de deteção de anomalias identificam desvios em relação às métricas de desempenho normais.
- **Análise preditiva:** Os modelos ML analisam dados históricos e em tempo real para prever quando será necessário efetuar manutenção ou reparações.
  - **Técnicas de IA utilizadas:** A previsão de séries temporais e a análise de regressão fornecem previsões sobre o desgaste e a falha de componentes.
- **Notificações do utilizador:** O sistema alerta os proprietários de veículos para as necessidades de manutenção futuras e fornece recomendações.
  - **Técnicas de IA utilizadas:** O processamento de linguagem natural (PNL) gera notificações e recomendações fáceis de utilizar.

Impacto:

- **Redução do tempo de inatividade:** A deteção precoce de potenciais problemas evita avarias inesperadas e reduz o tempo de reparação.
- **Poupança de custos:** A manutenção preditiva reduz os custos globais de manutenção ao resolver os problemas antes que estes se agravem.

8.2.3 Estudo de caso: IA em sistemas de gestão de tráfego

Empresa: Siemens Mobility

Aplicação: Gestão inteligente do tráfego

Detalhes: A Siemens Mobility utiliza a IA para otimizar a gestão do tráfego e melhorar a mobilidade urbana, analisando e controlando o fluxo de tráfego.

- **Otimização dos sinais de trânsito:** A IA ajusta os sinais de trânsito em tempo real com base nas condições e padrões de trânsito actuais.
  - **Técnicas de IA utilizadas:** Os algoritmos de aprendizagem por reforço optimizam a temporização dos sinais para reduzir o congestionamento e melhorar o fluxo de tráfego.
- **Previsão de tráfego:** Os modelos ML prevêem padrões de tráfego e níveis de congestionamento para ajudar na gestão do tráfego.
  - **Técnicas de IA utilizadas:** Os algoritmos de previsão de séries temporais e de reconhecimento de padrões prevêem o volume e as tendências do tráfego.
- **Deteção de incidentes:** Os sistemas de IA detectam e respondem a incidentes de tráfego, como acidentes ou encerramentos de estradas, para minimizar as perturbações.
  - **Técnicas de IA utilizadas:** Os algoritmos de deteção de anomalias identificam padrões de tráfego invulgares e accionam alertas.

Impacto:

- **Redução do congestionamento:** Uma melhor gestão do tráfego conduz a um fluxo de tráfego mais suave e a uma redução do congestionamento.
- **Eficiência melhorada:** Os ajustes e as previsões em tempo real optimizam os

padrões de tráfego e reduzem os tempos de viagem.

8.3 Aplicações aeroespaciais e de defesa

8.3.1 Estudo de caso: IA na conceção de aeronaves

Empresa: Boeing

Aplicação: Otimização de design com recurso a IA

Detalhes: A Boeing utiliza a IA para otimizar o design das aeronaves, centrando-se na melhoria do desempenho, da eficiência e da segurança.

- **Otimização aerodinâmica:** Os algoritmos de IA analisam simulações aerodinâmicas para melhorar o desempenho da aeronave e a eficiência do combustível.
  - **Técnicas de IA utilizadas:** Os algoritmos genéticos e os modelos de aprendizagem automática optimizam os parâmetros de conceção e os resultados da simulação.
- **Análise estrutural:** A IA avalia a integridade estrutural dos componentes da aeronave para garantir a segurança e a fiabilidade.
  - **Técnicas de IA utilizadas:** Os modelos de aprendizagem profunda analisam os dados de tensão e deformação para identificar potenciais problemas estruturais.
- **Iteração de design:** A IA acelera o processo de iteração do design, analisando e avaliando rapidamente as variações do design.
  - **Técnicas de IA utilizadas:** Os algoritmos de otimização e as ferramentas de simulação facilitam a criação rápida de protótipos e a avaliação.

Impacto:

- **Desempenho melhorado:** A otimização melhorada do design conduz a aeronaves mais eficientes e com melhor desempenho.
- **Redução do tempo de desenvolvimento:** A iteração e análise mais rápidas da conceção reduzem o ciclo de desenvolvimento global.

8.3.2 Estudo de caso: IA na vigilância militar

Empresa: Lockheed Martin

Aplicação: IA para vigilância e reconhecimento

Detalhes: A Lockheed Martin integra a IA nos sistemas de vigilância militar para melhorar a deteção de ameaças e o conhecimento da situação.

- **Deteção de objectos:** A IA analisa dados de satélites e drones para detetar e identificar potenciais ameaças.
  - **Técnicas de IA utilizadas:** As Redes Neuronais Convolucionais (CNN) e os algoritmos de reconhecimento de imagem processam dados visuais para identificar objectos e anomalias.
- **Reconhecimento de padrões:** A IA identifica padrões e tendências nos dados de vigilância para prever potenciais ameaças e acções.
  - **Técnicas de IA utilizadas:** Os algoritmos de reconhecimento de padrões e de deteção de anomalias analisam os dados em busca de padrões ou actividades invulgares.
- **Análise em tempo real:** A IA fornece análises e alertas em tempo real para apoiar a tomada de decisões durante as missões de vigilância.
  - **Técnicas de IA utilizadas:** A análise preditiva e os algoritmos de processamento em tempo real fornecem informações e alertas atempados.

Impacto:

- **Deteção de ameaças melhorada:** Uma maior precisão na identificação e análise de potenciais ameaças aumenta a segurança e a eficácia da missão.
- **Melhor conhecimento da situação:** A análise e os alertas em tempo real apoiam a tomada de decisões estratégicas e a prontidão operacional.

8.3.3 Estudo de caso: IA no planeamento de missões espaciais

Empresa: NASA

Aplicação: IA para planeamento e análise de missões

Informações pormenorizadas: A NASA utiliza a IA para ajudar no planeamento e análise de missões espaciais, optimizando os parâmetros e resultados da missão.

- **Simulação de missões:** Os modelos de IA simulam vários cenários de missão para prever resultados e identificar riscos potenciais.
    - **Técnicas de IA utilizadas:** Os modelos de simulação e a análise preditiva avaliam os parâmetros da missão e os cenários potenciais.
- **Análise de dados:** A IA analisa dados de missões anteriores para melhorar o planeamento e a execução de missões futuras.
    - **Técnicas de IA utilizadas:** Os algoritmos de extração de dados e de aprendizagem automática analisam os dados históricos das missões para obter informações e melhorias.
- **Otimização:** A IA optimiza os planos de missão, incluindo cálculos de trajetória e atribuição de recursos.
    - **Técnicas de IA utilizadas:** Os algoritmos de otimização e os modelos de aprendizagem automática aumentam a eficiência do planeamento da missão.

Impacto:

- **Melhoria do planeamento da missão:** As simulações e análises baseadas em IA melhoram a precisão do planeamento da missão e a gestão do risco.
- **Capacidades de exploração melhoradas:** O planeamento e a execução optimizados apoiam missões espaciais mais ambiciosas e bem sucedidas.

8.4 Cuidados de saúde e dispositivos médicos

8.4.1 Estudo de caso: IA na imagiologia médica

Empresa: IBM Watson Health

Aplicação: IA para radiologia e imagiologia

Detalhes: O IBM Watson Health utiliza a IA para melhorar a análise de imagens médicas, como exames de ressonância magnética e tomografia computorizada, melhorando a precisão e a eficiência do diagnóstico.

- **Deteção de doenças:** Os algoritmos de IA detectam e diagnosticam doenças, como tumores e fracturas, a partir de imagens médicas.

    - **Técnicas de IA utilizadas:** As Redes Neuronais Convolucionais (CNN) e os modelos de aprendizagem profunda analisam os dados de imagiologia para identificar anomalias e diagnosticar doenças.

- **Melhoria da imagem:** A IA melhora a qualidade e a resolução da imagem, ajudando a efetuar um diagnóstico mais preciso.
    - **Técnicas de IA utilizadas:** As redes adversariais generativas (GAN) e os algoritmos de processamento de imagem melhoram os pormenores e a nitidez da imagem.

- **Relatórios automatizados:** A IA gera relatórios automatizados com base na análise de imagens, simplificando o processo de diagnóstico.
    - **Técnicas de IA utilizadas:** O processamento de linguagem natural (PNL) e as ferramentas de elaboração de relatórios automatizados geram relatórios de diagnóstico completos.

Impacto:

- **Precisão de diagnóstico melhorada:** A deteção e análise melhoradas conduzem a diagnósticos e planeamento de tratamentos mais precisos.
- **Maior eficiência:** Os relatórios automatizados e a análise de imagens simplificam o fluxo de trabalho e reduzem o tempo de diagnóstico.

8.4.2 Estudo de caso: IA na descoberta de medicamentos

Empresa: DeepMind Technologies

Aplicação: IA para dobragem de proteínas e descoberta de medicamentos

Detalhes: O AlphaFold da DeepMind utiliza a IA para prever a dobragem de proteínas, um passo crucial na descoberta e desenvolvimento de medicamentos.

- **Previsão da estrutura das proteínas:** Os modelos de IA prevêem a estrutura 3D das proteínas com base nas suas sequências de aminoácidos.
    - **Técnicas de IA utilizadas:** Os algoritmos de aprendizagem profunda, nomeadamente as redes convolucionais profundas, analisam as sequências de proteínas para prever padrões de dobragem.

- **Identificação de alvos de medicamentos:** A IA identifica potenciais alvos de medicamentos através da análise das estruturas e interações das proteínas.

   - **Técnicas de IA utilizadas:** A modelação preditiva e a análise de redes identificam alvos proteicos para o desenvolvimento de medicamentos.

- **Descoberta acelerada de medicamentos:** A IA reduz o tempo e o custo associados à descoberta e ao desenvolvimento de novos medicamentos.
   - **Técnicas de IA utilizadas:** Os modelos de aprendizagem automática analisam vastos conjuntos de dados para identificar candidatos a medicamentos promissores e otimizar os processos de desenvolvimento.

Impacto:

- **Descoberta mais rápida de medicamentos:** A IA acelera a descoberta e o desenvolvimento de novos medicamentos, reduzindo o tempo de colocação no mercado e os custos.
- **Melhores opções de tratamento:** Uma melhor compreensão das estruturas das proteínas conduz a terapias mais eficazes e direcionadas.

8.4.3 Estudo de caso: IA na medicina personalizada

Empresa: Tempus

Aplicação: IA para tratamento personalizado do cancro

Detalhes: A Tempus utiliza a IA para analisar os dados dos pacientes, incluindo informações genéticas, para fornecer recomendações personalizadas de tratamento do cancro.

- **Análise de dados genómicos:** Os algoritmos de IA analisam dados genéticos para identificar mutações e biomarcadores associados ao cancro.
   - **Técnicas de IA utilizadas:** Os algoritmos de aprendizagem automática e de bioinformática analisam as sequências genómicas e correlacionam-nas com os resultados do tratamento.
- **Recomendações de tratamento:** A IA gera planos de tratamento personalizados com base em perfis individuais de pacientes e dados genéticos.
   - **Técnicas de IA utilizadas:** Os sistemas de modelação preditiva e de apoio à decisão recomendam terapias adaptadas com base em dados específicos do doente.
- **Previsão de resultados:** A IA prevê as respostas e os resultados do tratamento,

ajudando os médicos a tomar decisões informadas.

- **Técnicas de IA utilizadas:** A análise preditiva e a modelação estatística prevêem as respostas dos doentes a diferentes opções de tratamento.

Impacto:

- **Planos de tratamento personalizados:** As recomendações de tratamento personalizadas melhoram os resultados dos pacientes e a eficácia do tratamento.
- **Medicina de precisão melhorada:** As informações baseadas em IA permitem abordagens mais precisas e orientadas para o tratamento do cancro.

Esta exploração pormenorizada de exemplos do mundo real ilustra a forma como as tecnologias de IA e ML estão a ser eficazmente aplicadas em diferentes sectores, impulsionando a inovação e obtendo benefícios tangíveis.

CAPÍTULO 9
CONCLUSÃO

A integração da Aprendizagem Automática (AM) e da Inteligência Artificial (IA) no design da eletrónica representa uma mudança transformadora na forma como os sistemas electrónicos são concebidos, desenvolvidos e optimizados. Este livro percorreu um amplo espetro de tópicos, oferecendo uma visão abrangente desta convergência e das suas implicações para o campo da eletrónica.

Foram estabelecidos os conceitos fundamentais da Aprendizagem Automática (AM) e da Inteligência Artificial (IA). A aprendizagem automática, um subconjunto da IA, centra-se em permitir que os sistemas aprendam com os dados e façam previsões ou tomem decisões sem programação explícita. A IA engloba capacidades mais amplas, incluindo o raciocínio, a resolução de problemas e a compreensão. Compreender estas tecnologias é crucial, uma vez que estão na base de muitos dos avanços modernos na conceção eletrónica.

Em seguida, foram abordados os fundamentos da conceção eletrónica, incluindo princípios básicos, componentes e metodologias que constituem a espinha dorsal dos sistemas electrónicos. Esta base é essencial para compreender como a IA e o ML podem ser aplicados para melhorar e automatizar os processos tradicionais de conceção de eletrónica. Os princípios e componentes básicos são fundamentais para compreender os meandros da integração da IA e do ML nos fluxos de trabalho de conceção.

Foi explorada a influência da IA e do ML nos processos de conceção em eletrónica, demonstrando como estas tecnologias melhoram vários aspectos da conceção eletrónica, desde a automatização de tarefas repetitivas até à otimização de parâmetros de conceção complexos. Esta sinergia permite processos de conceção mais eficientes, inovadores e expansíveis, marcando um avanço significativo neste domínio.

Foram examinados algoritmos específicos de IA utilizados na automatização da conceção de produtos electrónicos (EDA), incluindo algoritmos de otimização, modelação preditiva, decisões de conceção baseadas em dados e aplicações de IA na verificação e ensaio. Estes algoritmos simplificam os processos de conceção, melhoram a precisão e reduzem o tempo de colocação no mercado. Oferecem também ferramentas avançadas para analisar e interpretar dados de conceção, garantindo uma maior qualidade e fiabilidade dos produtos electrónicos.

Foram discutidas as aplicações práticas do ML na conceção eletrónica, centrando-se na disposição e encaminhamento automatizados, na análise da integridade do sinal, na otimização da potência e na gestão térmica. Os algoritmos de ML automatizam tarefas de design complexas, optimizam o desempenho do sistema e abordam desafios de design críticos. Estas aplicações demonstram como o ML pode melhorar a eficiência e a eficácia do design eletrónico, traduzindo-se em benefícios reais.

Foram abordados os desafios associados à aplicação da IA/ML à conceção de produtos electrónicos, incluindo os desafios em matéria de dados, formação e validação de modelos, escalabilidade e abordagem da complexidade da conceção. Cada desafio tem o seu próprio conjunto de soluções, como técnicas avançadas de gestão de dados, métodos de validação robustos e algoritmos escaláveis. A superação destes desafios é crucial para aproveitar todo o potencial da IA e do ML no design de eletrónica.

Por último, estudos de caso e exemplos reais ilustraram o impacto da IA e do ML em várias indústrias, incluindo eletrónica de consumo, automóvel, aeroespacial e cuidados de saúde. Estes exemplos mostraram como estas tecnologias impulsionam a inovação, melhoram a eficiência e melhoram as experiências dos utilizadores.

Em suma, a integração da IA e do ML na conceção de produtos electrónicos não só aumenta a eficiência e a eficácia dos processos de conceção, como também abre novas possibilidades de inovação e avanço neste domínio.

Referências

1. Bellini, Valentina & Cascella, Marco & Cutugno, Franco & Russo, Michele & Lanza, Roberto & Compagnone, Christian & Bignami, Elena. (2022). Compreendendo os princípios básicos da Inteligência Artificial: um guia prático para intensivistas. Ata bio-medica: Atenei Parmensis. 93. e2022297. 10.23750/abm.v93i5.13626.

2. Ojo, Stephen & Imoize, Agbotiname & Alienyi, Daniel. (2020). Modelo de previsão de perda de caminho de rede neural de função de base radial para redes LTE em ambientes de propagação de sinal multitransmissor. Jornal Internacional de Sistemas de Comunicação. 34. e4680. 10.1002/dac.4680.

3. Guyue Huang, Jingbo Hu, Yifan He, Jialong Liu, Mingyuan Ma, Zhaoyang Shen, Juejian Wu, Yuanfan Xu, Hengrui Zhang, Kai Zhong, Xuefei Ning, Yuzhe Ma, Haoyu Yang, Bei Yu, Huazhong Yang e Yu Wang, "Aprendizado de máquina para automação de design eletrônico: A Survey.", 1, 1 (março de 2021).

4. Kim, Jinsu & Park, Namje. (2020). Modelo de ambiente de aprendizagem de IA com preservação de dados baseado em blockchain para sistemas de segurança cibernética de IA em ambientes de serviço IoT. Ciências Aplicadas. 10. 4718. 10.3390/app10144718.

5. Shanaka Kristombu Baduge, Sadeep Thilakarathna, Jude Shalitha Perera, Mehrdad Arashpour, Pejman Sharafi, Bertrand Teodosio, Ankit Shringi, Priyan Mendis, Inteligência artificial e visão inteligente para construção e construção 4.0: Métodos e aplicações de aprendizagem automática e profunda, Automação na Construção, Volume 141, 2022.

6. Ullah, Zakir & Xu, Zhiwei & Zhang, Lei & Zhang, Libo & Ullah, Waheed. (2018). Controlador de planejamento de caminho modular baseado em RL e ANN para robôs com restrição de recursos no ambiente dinâmico complexo interno. Acesso IEEE. PP. 1 -1. 10.1109/ACCESS.2018.2882875.

Biografia dos autores

A Dra. J. Refonaa licenciou-se na Universidade de Anna com o grau de Bacharel em Tecnologia da Informação. Recebeu o seu diploma de mestrado em Ciências e Engenharia Informática pela Universidade de Anna, Chennai, em 2013; obteve o seu doutoramento em Ciências Informáticas em 2021 pelo Instituto Sathyabama de Ciência e Tecnologia. Ela é atualmente professora assistente no Instituto Sathyabama de Ciência e Tecnologia em Chennai. Ela tem mais de onze anos de experiência de ensino. Seus interesses de pesquisa são Spatial Data Mining, Big Data, Soft Engineering, Database Management System etc. Apresentou os resultados da sua investigação em várias revistas de renome e publicou mais de 53 artigos em várias revistas e conferências, bem como livros e monografias em várias publicações. Publicou também três patentes no domínio dos direitos de propriedade intelectual.

Printed by Books on Demand GmbH, Norderstedt / Germany